U0246150

家庭金融
与风险管理决策研究

赵 蕾◎著

中国财经出版传媒集团

经济科学出版社

Economic Science Press

·北 京·

图书在版编目（CIP）数据

家庭金融与风险管理决策研究／赵蕾著．-- 北京 ：
经济科学出版社，2024.12. -- ISBN 978 - 7 - 5218 - 6256
- 0

Ⅰ. TS976. 15

中国国家版本馆 CIP 数据核字第 20245DW054 号

责任编辑：周国强
责任校对：隗立娜
责任印制：张佳裕

家庭金融与风险管理决策研究

JIATING JINRONG YU FENGXIAN GUANLI JUECE YANJIU

赵 蕾 著

经济科学出版社出版、发行 新华书店经销
社址：北京市海淀区阜成路甲 28 号 邮编：100142
总编部电话：010 - 88191217 发行部电话：010 - 88191522
网址：www. esp. com. cn
电子邮箱：esp@ esp. com. cn
天猫网店：经济科学出版社旗舰店
网址：http://jjkxcbs. tmall. com
北京季蜂印刷有限公司印装
710×1000 16 开 14.25 印张 200000 字
2024 年 12 月第 1 版 2024 年 12 月第 1 次印刷
ISBN 978 - 7 - 5218 - 6256 - 0 定价：86.00 元

　　传统家庭金融研究领域主要关注家庭资产配置的最优化问题，家庭风险管理研究主要关注家庭保险决策问题。而现实中复杂的家庭金融管理决策与风险管理决策需要同时进行，这对家庭经济的理性决策带来了非常大的挑战。现代行为经济学和脑科学研究发现人们在经济决策中表现出诸多有限理性行为，这使得人们的家庭经济决策与最优决策之间产生了更大的偏离。

　　本书内容分为理论篇和实务篇。理论篇基于现有的脑科学研究与行为经济学研究成果，分析了家庭经济决策中的有限理性行为及家庭的经济决策特征。总结了家庭金融与风险管理决策的传统理论研究。基于家庭金融与风险整合管理理念与框架，在传统理论框架基础上，引入家庭内生的决策特征以及外生的环境复杂不确定性，构建了不同的理论模型，采用人工智能算法分别对家庭消费、保险、投资决策进行了仿真研究。研究结论显示不同的家庭在生命周期中具有不同的最优经济决策路径；投保能够平滑家庭消费，适当的附加保费下能够提高家庭总效用；家庭在总效用最大时生命周期最优消费占比曲线为 U 形、最优风险资产占比曲线为倒 U 形，但不同特征的家庭，生命周期总效用、生命周期各期效用波动水平、整体消费平滑程度不同。

　　实务篇旨在考虑决策者存在有限理性决策行为这一客观实际的基础上，结合理论篇的研究结论，对家庭金融与风险管理决策实务进行研究，为相关实务操作提供理论和技术支持。实务篇分析了家庭财富与风险的类型，总结了家庭财务分析方法与风险评估方法，提出了家庭金融与风险整合管理的理念。通过对家庭金融与风险管理目标的设定、风险储备金与保险的综合决策、家庭金融与人寿保险的综合决策、家庭金融与年金保险的综合决策的研究，梳理了家庭金融管理与风险管理的有机联系，并对家庭金融与风险整合管理决策过程中的关键问题进行了讨论。

　　本书以理论研究与实务研究相结合的方式，将家庭金融与风险管理纳入整合管理框架中，以期凭借整合管理理念和理性决策方法的研究，丰富家庭经济决策的理论研究，改善家庭有限理性决策导致的金融损失和效用降低，助力家庭提高生命周期总效用。

　　本书是笔者在家庭经济决策领域探索的一个小结。感谢理论界、实务界的学者与专家，以及朋友、家人和学生们的大力支持和帮助，在此由衷感谢！本书中如有缺陷和问题，诚盼读者批评指正。

赵　蕾

2024 年 6 月

于上海对外经贸大学

目　录

导论 ·· 1

理　论　篇

第1章　家庭经济决策的行为经济学研究与脑科学研究 ············· 7

　　1.1　家庭经济决策的行为经济学研究 ·················· 7

　　1.2　家庭经济决策的脑科学研究 ···················· 23

第2章　家庭金融与风险管理决策的传统理论研究 ············ 34

　　2.1　家庭经济决策特征 ························· 34

　　2.2　家庭生命周期模型 ························· 39

　　2.3　消费储蓄理论 ·························· 42

第3章　复杂不确定性下的家庭生命周期消费储蓄决策 ·········· 60

　　3.1　家庭消费跨期不确定性决策模型构建 ············· 62

　　3.2　家庭生命周期模型构建 ····················· 63

　　3.3　基于三维路径规划的家庭生命周期消费跨期不确定性决策
　　　　ACA 算法 ···························· 64

　　3.4　模拟仿真 ···························· 68

3.5 本章结论 ……………………………………………………… 76

第4章 保险对家庭生命周期消费储蓄决策的影响 …………………… 78

4.1 完全保险下家庭生命周期跨期消费储蓄决策模型的构建 … 79

4.2 完全保险下家庭生命周期跨期消费决策模型的仿真模拟 … 84

4.3 保费支出对家庭消费储蓄决策的影响 ……………………… 88

4.4 本章结论 ……………………………………………………… 90

第5章 复杂不确定性下的家庭生命周期资产配置决策 ……………… 92

5.1 家庭金融决策的相关研究 …………………………………… 94

5.2 家庭生命周期金融不确定性决策模型构建 ………………… 97

5.3 仿真模拟算法研究 …………………………………………… 101

5.4 模拟方案与结果分析 ………………………………………… 107

5.5 本章结论 ……………………………………………………… 126

实 务 篇

第6章 家庭财富与风险的类型 …………………………………… 131

6.1 家庭财富的类型 ……………………………………………… 131

6.2 家庭风险的类型 ……………………………………………… 132

第7章 家庭财务分析与风险评估 ………………………………… 141

7.1 家庭信息收集与分析 ………………………………………… 141

7.2 家庭财务报表 ………………………………………………… 145

7.3 家庭财务分析 ………………………………………………… 156

7.4 家庭风险评估 ………………………………………………… 162

第 8 章 家庭金融与风险整合管理 ·························· 171

8.1 家庭金融与风险整合管理的特点 ················ 171

8.2 家庭风险管理目标设定与实施 ················ 172

8.3 风险储备金与保险 ·························· 178

8.4 家庭金融管理目标设定与实施 ················ 181

8.5 家庭金融与人寿保险规划 ···················· 186

8.6 家庭金融与年金保险规划 ···················· 192

参考文献 ·· 198

导　论

　　家庭是经济的微观主体，家庭的金融和风险管理决策是家庭经济决策的重要组成部分，也是非常重要的微观经济问题。家庭金融管理决策起源于家庭财产管理，家庭财产管理是具有悠久历史的家庭决策问题和家庭服务领域。[①]

　　随着家庭财产数量、种类的不断增加和家庭外部环境的变化，家庭财产管理的内容越来越多，决策越来越复杂。在实务领域，家庭财产管理逐渐演变为现代的"家庭财富管理"，而相关理论研究则在20世纪末兴起，并逐渐形成了经济学、金融学中一个新的研究分支领域——"家庭金融"。"家庭金融"研究家庭如何运用金融工具实现资源跨期优化配置达到家庭长期效用最大化。家庭金融类似于公司金融（Campbell，2006），主要关注财富资源的优化配置，包括储蓄决策、市场参与决策、投资组合与分散化决策、交易决策等。

　　家庭金融研究在理论上追求效用的最大化，家庭财富管理在实务中追求家庭财富的保值与增值。事实上，这两者都忽视了家庭面临的各类纯粹风险，而仅考虑了金融风险。家庭生活中面临着复杂的不确定性，自然灾害、意外事故、家庭成员的疾病与残疾、失业等各类风险都会给家庭现有

---

　　① 色诺芬在《经济论》中记载：我曾听见苏格拉底讨论财产管理问题如下："请问克利托布勒斯，财产管理也像医药、金工、木工一样，是一门学问吗？""我想是的""那么，一个懂得这门技艺的人即使自己没有财产，也能靠帮助别人管理财产来挣钱？……""当然可以，而且在他接管一份财产以后，如果能够继续支付一切开支，并获得盈余使财产不断增加，他就会得到很优厚的报酬。"

财富和人力资本带来损失。这些不仅是人类普遍面临的风险，也是家庭最为担心的风险。早在没有金融市场和金融服务的古代社会，人类就开始尝试各种方法管理生产和生活中的风险。其中家庭生活中的风险管理，大多采用了社会机制的方式，例如，在中国古代部分地区，家庭成员死亡导致主要经济来源灭失，家庭所在的宗族会以约定的标准供养遗属。在现代社会，由于金融服务、保险服务、社会保障体系的发展，家庭风险管理的主体已经退化到家庭本身。也就是说，家庭必须独立做出风险管理决策。

相较家庭金融领域的研究，家庭风险管理研究没有受到同等的重视，家庭风险管理也没有形成完整的理论体系。然而家庭风险管理决策与家庭金融决策具有明显的相关性，二者同时发生，互相影响，共同构成了家庭经济决策，只有同时考虑这两类决策才能真正达到家庭生命周期总效用的全局最优。

家庭风险管理研究家庭如何合理有效地使用各种风险管理方法及工具（包括保险和金融产品等），在成本约束下，将个人和家庭风险控制在可接受的程度，实现家庭生命周期总效用的最大化。

从家庭经济决策的整体视角来看，家庭财富保值增值并不是家庭金融决策的最终目的。家庭财富不仅要满足消费需求，而且还需要应对家庭可能面临的各类风险，在遇到极端事件时有充足的财富维持正常的家庭生活水平。家庭可以采用风险管理措施降低或转移家庭风险，一方面风险管理成本需要耗用家庭财富，另一方面剩余风险需要家庭财富进行自保。同时，家庭财富本身也存在风险，因此也需要风险管理。由此可见，家庭风险管理决策与家庭金融决策相互影响，决策者必须整合两种决策。不考虑家庭风险管理的家庭金融决策在现实中是危险的、不合理的、不全面的，在理论上则无法实现家庭生命周期总效用的最大化。因此无论在理论模型的构建上，还是家庭财富管理的实务操作中，都需要同时考虑家庭金融决策与家庭风险管理决策。

家庭金融与风险管理具有以下特点：

第一，家庭风险种类多样化。既有纯粹风险，又有投机风险。

第二，家庭财富种类多样化。按照财富的用途可以分为消费性财富、资本性财富、风险储备性财富。按照存在的形态可以分为金融资产、实物资产、无形资产、人力资本等。

第三，影响家庭金融与风险管理决策的内生因素既有共性又有个性。共性表现为都追求效用的最大化[①]，个性表现为家庭具有各自的决策特征，例如，风险偏好、时间偏好等。

第四，影响家庭金融与风险管理的决策的外生因素复杂。既包括宏观经济环境、金融市场、保险供给、家庭成员从业的行业发展等经济层面的因素，也包括家庭所在地治安、交通、医疗、环境等非经济因素。

第五，家庭金融与风险管理决策具有跨期性。在理论上，理性家庭的金融与风险管理决策要实现全生命周期总效用的最大化，因此不仅是跨期决策，而且是相对更长期的决策。虽然行为经济学研究认为真实的家庭具有有限理性，无法做到全生命周期的最优决策，但现实中的家庭仍然会在决策中考虑可预见的将来，从而做出的决策仍然是跨期决策。

第六，家庭金融与风险管理决策具有动态性。一方面，由于家庭外部经济环境、社会环境、自然环境不断发生变化，家庭金融与风险管理决策需要根据环境的变化定期或适时调整；另一方面，随着家庭生命周期的变化和家庭成员的变化，家庭金融与风险管理决策也需要进行调整。

第七，家庭金融与风险管理决策具有复杂性。由于以上特征，家庭要做出全面的家庭金融与风险管理决策是非常复杂和困难的。从理论研究的进展来看，现有的理论模型为了能够得出科学的研究结果，通常对所研究的问题进行了大量简化，即便如此也难以得到解析解。从实务操作来看，要做出科学的家庭金融与风险管理决策需要大量的专业知识、专业技术和专业数据，自我管理成本非常高。而且由于缺乏系统研究和理论指导，专

---

① 本书不考虑个人的劳动决策，也即不考虑休闲等非经济活动带来的效用。有限理性对效用最大化这一目标的影响将在后面讨论。

业人员辅助的实务操作也主要集中在割裂的金融产品投资和保险产品购买中。

本书将在现有研究的基础上，以理论研究与实务研究相结合的方式，针对家庭金融与风险管理的特征，将家庭金融管理与风险管理纳入整体决策框架，从家庭金融与风险整合管理的视角开展研究。因此本书由理论篇和实务篇组成。

研究家庭金融与风险管理决策的根本目的是改善家庭决策，那么人们在没有辅助的情况下是如何进行家庭经济决策的呢？为了回答这个问题，理论篇首先对家庭经济决策的行为经济学研究与脑科学研究进行了综述。研究发现，无论从人脑神经的运作，还是人们决策的实际表现，都可以发现，当人们面对复杂的风险决策和跨期决策时难以做到完全理性。那么理论研究能否改善这种有限理性决策呢？

认知科学是人们决策的重要基础，也是推动决策方式转变的动力。科技，特别是计算科学的发展，从根本上改变了认知科学，也为人们作出科学决策提供了更有效的技术支持。因此，理论篇在总结家庭金融与风险管理决策的传统理论研究基础上，引入家庭内生的决策特征以及外生的环境复杂不确定性，构建了不同的理论模型，并且借助人工智能算法求解理论模型的决策路径，分别对家庭消费、保险、投资决策进行了研究。

理　论　篇

第 1 章

家庭经济决策的行为经济学研究
与脑科学研究

经济学中"理性"的基本含义是：个体是自私的，会追求自身利益，而且会最大化自己的利益。"理性"的核心是"最大化原则"。只是在追求或计算最大化利益的时候往往会面临一些困难，这些困难一方面来自有限的信息和计算能力，另一方面来自大脑对价值判断（利益）的复杂性。因此，现实中人们往往表现出有限理性。家庭金融与风险管理是非常复杂的一系列跨期决策，面临越复杂的决策人们越难以做到理性的最优决策。因此，本章主要从行为经济学和脑科学研究视角，讨论家庭经济决策中人们存在哪些有限理性的决策机制。

1.1　家庭经济决策的行为经济学研究

相较于传统经济学，行为经济学对人的经济决策行为进行了更加细致的研究。行为经济学沿着决策者是有限理性这一方向构建各种模型。有限理性通常是指决策者的信息是不完全的、计算能力是受限制的、目标是不完全确定的甚至是冲突的等。行为经济学在共同理解一致的心理学框架下，通常也都并存着很多适用于不同情况的模型（范里安，2015）。

1.1.1 风险决策的行为经济学研究

1.1.1.1 风险决策制定的行为模型

目前最常用的刻画决策者风险决策方法是期望效用理论（EU）。阿莱悖论、拉宾悖论等的提出对期望效用理论提出了挑战。期望效用理论（EU）具有两个特征：决策者线性赋予概率权重，并从他们财富的最终水平来导出效用。后续的研究者们提出各种理论通过放松 EU 的两个特征，来使这些理论分别在某些层面相对 EU 能更好地解释人类的一些行为特点。其中影响最大的是累积前景理论（cumulative prospect theory，CPT）。

累积前景理论（Tversky and Kahneman，1992，2000）是前景理论（prospect theory，PT）（Kahneman and Tversky，1979）的改进版本，纳入了非线性概率加权，并且效用不取决于最后的财富水平，而是具有参照依赖的。CPT 具有的独特的构成要素，包括参照依赖、在得益域与损失域上效用函数的形状、损失厌恶，以及倒 S 形概率加权函数，对影响决策者选择行为的非理性心理因素刻画更加细致，能够更好地解释各种问题。

在 CPT 的框架下，效用的承载者评估效用时不是看最终的财富水平，而是看实际财富水平相对参照点的偏离程度。证据显示，当受到外部刺激时，个人对于变化值比对总水平值更敏感（Helson，1964）。很多时候，参照点的选择是外生的，例如，现状、期望结果或法定权利，取决于具体的情境；还有一些时候，参照点是内生的，源自对未来财富的理性预期（Koszegi and Rabin，2006）。参照点选择的影响因素很多，包括个人认知和价值观差异、情景因素、信息呈现方式等。因此，前景理论中参照点的选择具有一定的主观性和灵活性。体现了人们的主观态度，决策者需要具有非常老练的认知程度才能做出更为合理的决策。

等级依赖效用理论（rank dependent utility，RDU）纳入非线性概率加权，用决策权重取代期望效用函数中的客观或主观概率，这个决策权重就是累积概率变换（Quiggin，1982，1993）。CPT 也纳入了非线性概率加权。经验证据表明，对于个体决策者而言，概率加权函数（probability weighting function）具有异质性，不同的人可以观察到凸性、凹性和倒 S 形加权（Fehr-Duda and Epper，2012）。但当我们在加总层面汇总，就会发现倒 S 形概率加权的典型特点，即低概率被过高赋权、高概率被过低赋权。决策者的概率加权函数也可以通过决策者的个性是乐观还是悲观来解释。如果决策者是悲观的，他对较低结果赋予的权重较高，这时概率加权函数是凸的，这样一个加权函数和凹效用函数相结合会提高风险厌恶程度；相反，如果决策者是乐观的，他对较高结果赋予的权重较高，那么这时概率加权函数是凹的，和凹效用函数相结合就会降低风险厌恶程度。

对大部分的概率加权函数，都有 $\lim_{p \to 0} \frac{w(p)}{p} = \infty$，所以这意味着决策者极为突出低概率事件的显著性，即高估极低概率。然而在低概率区域存在一些异象。例如，在易受地震、洪水和飓风等危害的地区，决策者针对这些低概率自然风险所购买的强制保险是不足的（Kunreuther，Ginsberg and Miller，et al.，1978）。对其有一个最自然的解释，即风险的双峰感知：人群中有大约为 μ 的个体会完全忽略极低的概率，而其他人则不会忽略极低概率。比例为 μ 这一部分人群简单忽略或严重低估了极低概率事件，当潜在损失非常重大时也是如此。这一比例 μ 并不确定，可能会受到情绪、经验、做决策时可用的时间、有限理性、框架效应、激励效果等影响（Kunreuther and Pauly，2005）。

通过平滑拼贴三个标准普雷莱茨函数产生的复合普雷莱茨概率加权函数（CPF）被提出解决这一问题（Al-Nowaihi and Dhami，2010a）。CPF 对于极微小的概率赋予较低的权重，即 $\lim_{p \to 0} \frac{w(p)}{p} = 0$，对于接近于 1 的概率赋予较高的权重，即 $\lim_{p \to 1} \frac{1-w(p)}{1-p} = 0$，与标准普雷莱茨函数形成对照。使用

CPF 的决策者会给极低概率事件赋予很低的主观概率权重以忽略这些事件。在中间部分，CPF 是倒 S 形的，标准普雷莱茨函数是 CPF 的一个特例。CPF 仍然没有被经验估计出来，除此之外，与标准加权函数相比，CPF 的参数量更大，估计参数更加困难。并且由于 CPF 起到解释效用的大多数是低概率区间，在这个区间内才能把决策者分为 μ 和 $1-\mu$ 两组，这就意味着如果想要对这些参数进行估计，那么这里的低概率要比相对标准实验中用到的低概率更低，这给实验设计带来了较大困难。

另外，在选择决策理论的典型结论里，大多是一个彩票胜过另一个彩票。然而实验中的结果往往是，对于各对彩票，被试之间的选择呈现分散性。实验技术的改进仍然不能很好地解释这种分散性。一些研究承认了个体间存在误差结构，允许实验总体中遵循不同行为决策理论的个体类型之间的混合，以此来更好地解释实验结果上的差异。基于混合模型进行研究，即混合模型方法，主要的经验发现是确实存在偏好异质性。例如，在三个彼此不同的数据集里，研究发现 EU、RDU/PT 的偏好分别为 20% 和 80% 的份额（Brunhin et al.，2010）。

综上说明，决策者的决策机制具有多样性，EU、CPT、RDU 等理论模型均无法独立解释所有决策者在不同情景下的决策行为。但不容置疑的是，当决策者在不确定情境下做出决策时需要依赖一套机制来做出决策，尤其是当现实中需要做出的决策远比实验中的彩票实验复杂得多时。在现有理论中，期望效用理论为理性决策提供了一个规范的理论框架，如果决策者在做出复杂决策时，有充足的时间，并且希望采用一个科学的模型辅助决策时，显然期望效用理论更容易被决策者理解和接受，而且其简洁性也使其更容易使用。

1.1.1.2　风险判断的偏差

家庭在不确定性环境下要做出理性的经济决策首先需要准确评估风险，然而大量的心理学和行为经济学研究表明，现实中人们的主观风险判断不可避免地存在偏差。特沃斯基和卡尼曼（Tversky and Kahneman，1974）首次系统总结了人们在估计不确定事件的概率或不确定量的数值时，会采用三种启发式原则进行简化判断，即代表性启发式（representativeness heuristic）、可得性启发式（availability heuristic）和锚定与调整启发式（anchoring and adjustments heuristic）。代表性启发式是指人们会基于相似性进行判断。可得性启发式是指人们通过能想到的例证和想到例证的容易性来评估这类事件的发生频率或概率。锚定与调整启发式是指很多情况下人们的推测是以初始值为参照点或出发点进行调整后得到的答案的，但是调整基本都是不充分的，导致判断值有偏差。例如，研究发现人们主要采用可得性启发式对保险风险出概率进行判断（Tversky and Kahneman，1973；海斯蒂等，2013；郭振华，2020）。人们采用这些原则可以将概率估计和预测数值这样的复杂任务降低为较为简单的快捷判断，但不可避免地会产生偏差。

后续的研究发现情绪在风险管理决策过程中起到核心作用。例如，对各种有害物质的风险感知，与其可以引发的情感密切相关（Slovic，MacGregor and Malmfors，et al.，1999）。有实验证据表明，我们会对各种危害（如吸烟和核能）产生反应，这些反应取决于它们所引发的情绪中的恐惧（Fischhoff，Slovic and Lichtenstein，et al.，1978；Finucane，Alhakami and Slovic，et al.，2000）。对于媒体广为宣传的事件，人们对其风险评估更高（Lichtenstein，1978）。阿尔哈卡米和斯洛维克（Alhakami and Slovic，1994）发现，活动的感知风险与感知收益之间的关系，受到活动中的情感投入的影响。菲纽肯、阿尔哈卡米和斯洛维克等（Finucane，Alhakami and Slovic，et al.，2000）利用这些结果来说明，人们对事件、物质、对象或技术（我们使用的是集合名词"危险"）的情感，既决定了感知风险，也决定了感知收益。深入考察这一洞察带来的启示，他们发现：首先，通过揭示风险程度，可以改变对危害的感知收益；其次，通过揭示收益可以改变感知风险。

情感启发式可能是固有的，难以通过训练消除。实验中，专家需要对物品好坏做出快速直观的评价，这些化学物质包括二手烟、食物中的二噁英、苯和阿司匹林。一旦专家给出了情感评分，他们被要求对接触每种化学品进行风险判断，其中暴露水平给定为正规监管机构评定为危险水平的 1/100。显然，在这样的暴露水平上，化学品应该只会带来很小的风险或没有风险，评估的风险可能几乎没有差别。然而，对于 97 位专家中的 95 位来说，情感评级和化学品的风险等级之间存在强烈负相关，情感相对较差的化学品被认为风险相对较大。另外，也有研究发现若以自然频率向专家提供数据，可以增强对事件的情感（Slovic，MacGregor and Malmfors，et al.，1999）。

个体不成比例地投资于自己公司的股票（Mitchell and Utkus，2004）。塞勒和贝纳茨（Thaler and Benartzi，2007）报告称 33% 持有本公司股票的个体，没有意识到这种行为相比于持有多样化投资组合而言，是更具风险性的。本公司股票可能是一种独特的资产，既不被看作股票也不被看作债券（Benartzi and Thaler，2001）。退休计划中不包含本公司股票的投资组合，通常在债券和股票之间平均分配。但是如果存在本公司股票，43% 的养老金投资组合会投资于本公司股票，剩下的在股票和债券之间平均分配。因此，那些将本公司股票放入养老金投资组合的个体，最终的养老金储蓄比例是失调的，股票投资占去了 71%。另外，在评估资产的吸引力时，人们会过度利用股票过去表现，来外推其未来表现（Benartzi，2001）。

1.1.1.3 短视的损失厌恶

行为经济学研究发现，评估风险状态的范围也是影响决策者做出决策的一个重要因素。当实际发生的回报是在较长期限内产生时，有限理性的决策者可能会在很短的时间范围内评估资产回报。在考虑损失厌恶的情况下，把损失厌恶值设为 2.5，并假定一个最简单的效用函数，即效用函数为线性，并且亏 1 元钱的负向效用是赚 1 元钱的正向效用的 2.5 倍。考虑一个简单的彩票，假设其每天的前景都是以 0.5 的概率增加 200 元或以 0.5

的概率亏损 100 元。如果一个人每天都考虑彩票的效用，他就会发现 200
元的正向效用比不上 100 元的负向效用，因此会拒绝这一投资；而如果一
个人是每两天考虑一次结果，两天的前景为以 0.25 的概率增加 400 元，
0.5 的概率增加 100 元，0.25 的概率亏损 200 元，他就会发现这一笔投资
的效用为正，他或许就会愿意进行这一投资。这样一种现象就被称为短视
的损失厌恶。因此，如果损失厌恶的投资者不去频繁评估他们的投资绩效，
则他们会更愿意承担风险，即评估期越长，风险资产越有吸引力，风险溢
价也就越低。然而投资者会谨慎地频繁评估期投资组合的表现（Benartzi
and Thaler，1995）。

格尼茨和波特（Gneezy and Potters，1997）的研究发现，与处理组 L
（长期期界）的实验人员相比，处理组 S（短期期界）的实验人员的平均投
资水平明显较低。其基本结果已被证明对实验设计的一些变化具有稳健性。
针对 27 名金融职业交易员，黑格和李斯特（Haigh and List，2005）进行了
研究，对照组是 32 名学生。实验结果不出意外地发现在处理组 I（投资收
到 "不频繁" 的反馈）中的投资相对于处理组 F（投资收到 "频繁" 的反
馈）的投资要更多。但令人意外的是，金融职业交易员对两个处理组给出
的投资水平的差异比学生对照组要更大。这说明短视的损失厌恶似乎并不
随着经验的增加而减少。

1.1.2　财富决策的行为经济学研究

1.1.2.1　财富决策中的禀赋效应

当我们拥有一件物品时，与它分离会被大脑编码成一个人的损失，因
此与一件物品分离的行为会使人们产生损失厌恶（Thaler，1980），也就导
致禀赋效应。在前景理论中，损失厌恶是指大多数人面对损失比面对收益
要更敏感，或者说财富变化绝对值相同时，损失带来的痛苦要比收益带来

的快乐更多。例如，有实证研究显示，在房产市场上，自有住宅户和投资者都表现出损失厌恶，但前者的要价大约是后者的两倍。相对于市场价格，享乐型商品的所有者比实用型商品的所有者的估值更高（Dhar and Wertenbroch，2000）。

对美国股票市场的研究发现，禀赋效应可以同具体的资产相关（Gurevich，2009）。由于交易不确定性的存在，研究者假设禀赋效应由交易不确定性引起，交易不确定性的出现导致人们交易得更少，因此实验设计使被试被迫进行交易（如果不交易就会失去禀赋），后几轮实验中被试没有出现禀赋效应（Engleman and Hollard，2008）。因此，如果家庭具有长期的财富规划，在执行规划而交易金融资产时可能受到禀赋效应的影响更小。另外，禀赋效应来源于物质物品，不包括货币这种无价值的物品，或者本身只是用来交换的物品（Kahneman et al.，1990）。当家庭进行长期经济决策时只能采用货币来计量可能的选择及其结果，因此不存在禀赋效应。

当所有权的维持时间比较短（Strahilevitz and Loewenstein，1998），或者被试相对较年长或受教育水平更高，对商品属性了解更多（Johnson，Gächter and Herrmann，2006）时，由损失厌恶引起的禀赋效应可能会减小。这说明经验和教育可能改善禀赋效应带来的有限理性。

1.1.2.2 财富决策中的心理账户

新古典经济学中的决策效用来自财富与福利，而行为经济学则认为其来自基于心理账户的编码上。心理账户是个人对其理财等活动进行编码、分类与评价的认知和运用。有些家庭为了弥补不可预见性的开支，可能会为各种各样的物品种类留出一部分预算，这个账户中花费金钱取得的商品可能不是其他物品的替代品，但是在这个账户中的消费不会带来损失厌恶（Novemsky and Kahneman，2005）。对于家庭经济决策而言，为可能出现的意外情况留出预算，在心理上作出区分，降低损失厌恶，或许能够更好地使效用最大化。崔等（Choi，Laibson and Madrian，2009）基于美国"401（k）"

养老金计划规则的改变，找到了与心理账户相一致的证据。与账户之间货币的完美替代性假设相反，他们发现个体没有充分考虑其投资组合中不同账户之间的溢出效应。

舍弗林和塞勒（Shefrin and Thaler，1988）曾经在研究中指出人们可将资金分等级和层次放置在不同的心理账户中，放置的原则是看对于家庭来说资金用途的诱惑性（tempting）程度。按照诱惑性由高到低，账户可以分为：当前收入、当前资产、未来收入。该研究提出了一个生命周期模型的改进版本，即行为生命周期模型。其中，包含了心理会计诱惑等级理论。心理会计模型对现实问题更强的解释力体现在如果某笔资金能够被转移到一个诱惑力相对较小的薪资账户中，那么它就更有可能被储蓄起来。

意外所得收入（windfall income）指的是个人或组织意外获得的、未被预期的额外收入。这类收入可能来自多种情况，例如，彩票中奖、继承遗产、股票市场的意外利润、财产出售带来的超预期收益、公司发放的意外奖金等。较早的研究认为意外所得收入被记入哪一个心理账户取决于意外所得收入的多少（Thaler，1990）：当意外所得相对于收入金额较小时，会被编码进当前收入账户，边际消费倾向接近于 1。米尔可曼和贝希尔斯（Milkman and Beshears，2009），以及阿贝勒和马克林（Abeler and Marklein，2017）的研究发现，在网上购物消费时，消费者收到小额代金券会增加消费，并且增加的消费对象是消费者通常不会从商店购买的商品。然而，大额意外所得，会被编码成为当前资产账户的一部分，边际消费倾向相对较低。兰德斯伯格（Landsberger，1966）研究了第二次世界大战后犹太家庭收到的来自德国的赔偿款，与心理账户模型的预测相一致，那些意外所得占总收入比例最大的人，边际消费倾向最小。塞勒和舍弗林（Shefrin and Thaler，2004）在对日本数据的研究中发现，奖金被编码为当前资产账户的一部分，边际消费倾向低于正常收入，奖金增加了个体储蓄。

1.1.2.3 财富决策中的有限注意

有限注意（limited attention）是行为经济学和心理学中的一个重要概

念，指的是人们在处理信息和做出决策时，由于心理和认知资源的限制，只能在有限的时间内关注有限数量的信息或任务。这一概念突出了人的注意力资源是有限的，人们在面对大量信息或多个决策任务时，可能无法全面考虑所有可用信息，导致某些重要信息被忽略。

有研究发现，穷人可能需要在日常事务上（包括安排食物、债务、干净的饮用水等）花费过多的注意力和意志力（Shah，Mullainathan and Shafir，2012；Mullainathan and Shafir，2013），导致在重要问题上不能进行充分的思考（Banerjee and Mullainathan，2008），从而可能会做出错误的决定，使贫穷持续。这一方面可能是由于对当前紧迫问题的关注导致的意志力大量损耗，另一方面可能是由于决策者的现时偏向型偏好。

1.1.3　跨期决策的行为经济学研究

"跨期选择"涉及权衡不同时间内的成本和收益的决策，因此跨期选择是家庭长期财富与风险整合管理的重要决策。

1.1.3.1　贴现效用模型的演进

绝大多数现代时间偏好理论的基本思想如下。例如，由于利息支付的累积，延迟一项回报可以增加其大小。然而，对于缺乏耐心的个体而言，延迟的结果价值更低。此种权衡决定了个体的最优时期选择。分析的基本单位是结果 - 时间配对的集合上的偏好或者消费水平序列上的偏好。那些在时间和结果上分离，又考虑了人性不耐心的模型子集，往往被称作贴现效用（discounted utility，DU）模型（Al-Nowaihi and Dhami，2016）。

萨缪尔森（Samuelson，1973）提出 DU 模型，并且定义离散和连续时间下的贴现函数、贴现率、贴现因子等概念。而 DU 模型在经济学中最著名的变化形式指数贴现效用模型（EDU）是经济学时间贴现理论中的主要模型，尽管其只用一个贴现率便涵盖了所有的心理学因素，但在 DU 类模型中，只有 EDU 模型给出了时间一致的选择（Strotz，1956）。EDU 模型存在一些凸显的性质，例如，"幸福"的平稳性（即时效用 μ 是非时变的）、消费独立性、效用独立性、消费贴现独立性、恒定贴现、递减的边际效用及贴现因子的正性、平稳性及共同差异效应（stationarity and the common difference effect）。

随着学术界对时间偏好理论的深入研究，研究者发现了与 EDU 模型的恒定贴现特征相矛盾的偏好逆转的现象。被试被告知要在一个更小、更早（smaller-sooner，SS）的奖励与一个在未来某个日期才能获得的更大、更晚（larger-later，LL）的奖励之间做出选择时，被试更偏爱 LL，然而，随着获得 SS 的奖励日期向当前趋近，相比于 LL，个体更会喜欢 SS，一些实验研究都发现了此种模式（Thaler，1981；Ainslie and Herrnstein，1981；Ainslie and Haendel，1983；Green，Fischer and Perlow，et al.，1981；Kriby and Herrnstein，1995）。当允许人类及非人类被试在具有时变延迟的各种奖励之间做出选择时，此类选择可以被双曲线贴现函数很好地刻画。双曲线函数具有递减的贴现率，因此更符合实验数据（Kirby，1997；Kirby and Ma-rakovic，1995；Myerson and Green，1995）。

另外，贴现率的变化与一系列个体特征以及情境、背景和情绪有关（Chabris et al.，2007）。个体引发的贴现率与年龄、认知能力呈负相关关系（即年长的人更富有耐心，认知能力更高的个体更富有耐心）（Green，Fry and Myerson，1994；Green and Myerson，1996；Green，Myerson and Ostaszewski，1999；Read，2004）；赌徒（Petry and Casarella，1999；Petry，2001；Dixon et al.，2003；Petry，2003）、吸烟者（Bickel et al.，1999；Mitchell，1999；Baker et al.，2003；Kirby and Petry，2004；Reynolds et al.，2004）和重度酗酒者（Vuchinich and Simpson，1998；Bjork et al.，2004）具有更高的贴现率（即更缺乏耐心）。节俭的习惯、过度自我控制的儒家文化与看重未来会导致较高的时间偏好率（易行健和营倩倩，2019）。

双曲线型贴现是解释共同差异效应的主要候选对象之一。双曲线型贴现存在两种形式：第一，双曲线型贴现的广义模型（Loewenstein and Prelec，1992）；第二，准双曲线型形式［也被称作（β，δ）形式］（Phelps and Pollak，1986；Laibson，1997）。

广义双曲线型表现出连续递增的人性不耐心。准双曲线型贴现函数于最初时点，人性不耐心会出现一个突然的、非连续的增加，其贴现因子是不连续的，呈现出一种阶梯函数。另外，学者们还通过一些调查实验验证了双曲线型贴现的可靠性。例如，在 EDU 模型中，消费者应该在不同的支付时期上完美地平滑消费。然而，现实中观察到的发薪日效应与双曲线型贴现相一致，消费在连续的发薪日之间出现下降（Huffman and Barenstein，2005；Shapiro，2005；Stephens，2003）。部分学者也开始注重了对模型中 β 的选取。维斯克斯、休伯和贝尔（Viscusi，Huber and Bell，2008）为大量调查对象提供了假设性的选择，改善水质的实验数据所得结果和准双曲线型拟合有效，且 β 范围是 0.48 ~ 0.61；方和西尔弗曼（Fang and Silverman，2009）研究了未婚女性关于劳动力参与和福利计划参与的决策，通过对动态离散选择模型使用半参数估计方法，发现准双曲线合适，且 $\beta = 0.338$，$\delta = 0.88$。塞尔斯和莫斯（Salois and Moss，2011）对美国农田估值与回报的年度数据进行拟合时发现八个面板区域中有六个拒绝了指数型贴现，而支持准双曲线型贴现，且八个区域的 β 范围为 0.304 ~ 0.637。

还有学者研究准双曲线型在代际中的作用。科斯和法伊弗（Kosse and Pfeiffer，2013）用准双曲线研究了人性不耐心在母亲和孩子之间出现代际传递的可能性，发现较高价值母亲的 β 参数值对孩子选择延迟奖励的可能性具有显著的正向影响（更有耐心）。贴现效用还可能受到不确定性（Satio，2011；Al-Nowaihi and Dhami，2016）、机会成本、跨期套利、通货膨胀、生理影响、习惯形成、预期效用等的影响。

除此之外，其他时间贴现模型还包括参照时间理论（Al-Nowaihi and Dhami，2008，2013，2014），不可传递时间偏好理论（Ok and Masatlioglu，

2007）等，但还有待后续的实证检验。

1.1.3.2 跨期决策中的多重自我

当一项结果的延迟下降时，人性不耐心程度会以双曲线或其他形式增加，这样的模型被称为现时偏向型偏好模型（Al-Nowaihi and Dhami, 2016）。在现时偏向型偏好的应用中，通常将决策者视为多重自我，即多个自我的前后相继，其中每个自我对应一个时期。假设所有的自我都表现出双曲线型贴现，这导致了每个自我对即时满足感的偏爱。多重自我模型的第一个特征是，当前自我对未来自我具有不完美的控制。由于当前自我可能会采取间接影响未来自我的行动，此类模型展现出的第二个特征是，对于未来自我的自我控制问题，当前自我可能只具有有限意识。

学术界在双曲线性贴现下对多重自我进行建模过程中形成了两个框架。这两个框架有一个共同假设，即同一个体的一个不同自我存在于任意特定的时期。因此，随着时间的推移，同一个体具有多重自我。t 时期中的个体完全可以由该个体的自我 t 来描述。

（1）计划者 - 执行者框架。

假设当前自我采取计划者的形式，并关心所有后续自我的效用。后续自我被称为执行者，每一时期都会存在一个（Thaler and Shefrin, 1981）。计划者和执行者的行动之间存在战略替代性。当前自我是有远见的计划者，他们关心所有未来自我的效用；而未来自我则是短视的执行者，他们只关心自己的效用。计划者可以采取行动，直接约束执行者的行动，甚至直接影响他们的效用。然而除了计划者采取行动的初始时期外，在任意时期 t，决定采取行动的都是与时期 t 相对应的执行者，因此也称为两个自我模型。

计划者 - 执行者框架可被用于描述几种类型的行为。在生命周期模型中，个人会在一生中完美地平滑他们的收入，然而在计划者 - 执行者的框架中，会存在储蓄不足的问题，而强制性养老金和社会保障缴款可以为计划者控制实施者的努力起到补充（Kotlikoff et al., 1982; Diamond and

Hausman，1984）。当前计划者可能会采取潜在的昂贵行动来约束未来短视执行者的行动（Al-Nowaihi and Dhami，2016）。

（2）多重自我框架。

假设时间 $t \in \Gamma = \{0，1，2，\cdots，T\}$。假设同一个体具有多重自我——每一时期都有一个。每一个存在于任意时期 $t \in \Gamma$ 的自我，具有准双曲线型，形式如下：

$$U_t(c_t，c_{t+1}，\cdots，c_T) = u(c_t) + \beta \sum_{\tau=t+1}^{\tau=T} \delta^\tau u(c_\tau)，(0 < \beta < 1)$$

参数 β 为每个自我制造了对即时满足感的偏误，而 $\delta > 0$ 则是 EDU 模型中的贴现因子。在经济决策时，时间 $t \in \Gamma$ 时的自我必须形成关于所有未来自我的行为的信念。这些信念反映了在任意时间 $t \in \Gamma$ 时，当前自我的自我意识程度。自我 t 相信所有未来自我在时间 $k > t$ 时的偏好为：

$$U_k(c_k，\cdots，c_T) = u(c_t) + \hat{\beta} \sum_{\tau=k+1}^{\tau=T} \delta^\tau u(c_\tau)，(t < k < T-1)$$

自我 t 的实际人性不耐心参数 β，与他关于未来自我的人性不耐心参数 $\hat{\beta}$ 的信念，这两者之间的关系对于当前决策而言是至关重要的。根据 β 与 $\hat{\beta}$ 的关系，有如下分类（O'Donoghue and Rabin，2001）：

①时间一致者。具有标准时间一致性偏好的人们，如 EDU 模型一样：

$$\beta = \hat{\beta} = 1$$

这些个体想象他们的未来自我从来没有出现过现时偏误（由于 δ 的存在而导致的现实偏误除外）。

②成熟老练者。这些个体知道他们对即时满足感存在偏误，并且相信他们的未来自我也会存在同样的偏误，即：

$$\beta = \hat{\beta} < 1$$

③半天真者。这些个体知道他们对即时满足感存在偏误，但（错误地）认为他们的未来自我会存在一个更小的，但非零的偏误，即：

$$\beta < \hat{\beta} < 1$$

④天真者。这些个体知道他们的当前自我是现时偏误型的，但是相信

他们的未来自我对于即时满足感不存在偏误，也就是说，他们相信未来自我是时间一致的，即：

$$\beta < \hat{\beta} = 1$$

现有的证据并不是结论性的，但是大多数人处于成熟老练者与天真者两者之间，即半天真者（O'Donoghue and Rabin，2001）。

考虑一个简单的、三期的消费生命周期模型，它包含多重自我和准双曲线型贴现。达米（Dhami）发现具有时间一致性偏好的个体能够完美地平滑三个时期的消费；与时间一致性个体相比，天真者对即时满足感的欲望要相对更大一些，这导致了更多的当前消费，也就是说，天真者消费平滑的程度较低；半天真者对他们未来自我的自我控制问题有更强的意识，减少了他们的当期储蓄。通常来说，时间一致者在第一期与其他任何具有潜在自我控制问题的个体相比消费更低，现实偏误会导致过度消费（O'Donoghue and Rabin，2003；Al-Nowaihi and Dhami，2016）。而投资于非流动性资产可能可以减轻生命周期模型中的自我控制问题（Angeletos et al.，2001；Al-Nowaihi and Dhami，2016）。

存在多重自我和准双曲线型贴现的生命周期模型能够解释一些谜题：

时间一致的个体会在三个时期内完美地平滑消费。然而，对于其他三种具有现时偏误的个体类型中的任何一种而言，消费与收入之间的关系相对于时间一致的个体要更加紧密。这一特征在更长期的建模中仍然存在。

时间一致的个体不会为退休储蓄不足。然而，任何其他类型的退休计划都可能被未来自我之一的现时偏误所破坏，这个未来自我可能会在当前消费上挥霍无度。退休后消费会急剧下降（Bernheim，Skinner，Skinner et al.，1997；Kotlikoff，Spivak and Summers，1982）。布莱恩等（Brown，Chua and Camerer，2009）探讨了储蓄不足的两个可能的原因：有限理性（个体只是缺乏制定最优动态计划所必要的成熟老练）和现时偏向型偏好。他们发现，尽管由于有限理性的存在，最开始被试者的决策并不接近最优决策，但个体的学习速度很快。只有当未来自我发现难以用未来财富作抵押进行借款时，非流动性资产才能约束一个人的未来自我（Ashraf，Karlan and Yin，2006）。

现实中往往存在耐心异质性，即相对年轻的消费者预期未来有上升的收入组合，因此他们可能具有较高的边际消费倾向（MPC）。流动性受限的消费者也许也有很高的 MPC。相反，老年消费者和那些流动性不受限的消费者，极有可能具有较低的 MPC。因此，双曲线型模型中的有效贴现因子随着个体的一生而变化（Green，Myerson and Ostaszewski，1999）。

然而，现实中会存在拖延重要任务，或者有时会屈服于诱惑的现象（O'Donoghue and Rabin，1999a，1999b，2001）。在准双曲线型贴现和未来自我控制问题的不同程度意识的框架下可以更好地解释这一现象。在即时成本的情况下，一个人对自己的未来自我缺乏自我意识（最典型的是天真者）将会导致更加严重的拖延。原因是缺乏自我意识会导致一个人低估未来自我的拖延。另外，成熟老练者对于未来有着完美的预见，他们正确地预期到未来自我会出现拖延。因此，他们对未来自我的自我控制问题具有更多的意识，故而在当前时期拖延的成本就会更高。这会减轻他们拖延的倾向（Strotz，1956；Akerlof，1991）。

1.1.3.3 跨期决策中的选择归集

当个体需要在一个特定领域作出决策时，会基于可得的信息和可行的选择。当个体将可行的选择归并为集合并将这些集合独立进行考察，或者不考虑其所有可能选择的集合时就会发生选择归集（choice bracketing）。如果没有考虑所有的选择或者没有使用所有的可得信息，那么决策者就是在进行窄选择归集（narrow choice bracketing）。在新古典经济学中，个体会考虑全部可得信息和所有可行的选择（broad choice bracketing）。在跨期决策中，当个体在任何时期采取行动时，都只考虑该时间段的成本和收益，而不是进行全局最优的跨期决策就会出现窄选择归集。

窄归集在人们的跨期决策中普遍存在，例如，战争策略、吸烟、劳动供给（Camerer et al.，1997），以及投资（Benartzi and Thaler，1995）等。人们进行窄归集可能由于认知上的局限妨碍了对整个选择范围的考虑。然而，一些实验证据表明，即使在没有认知局限的情况下，也会出现窄归集。另一种可能性是，选择归集可以通过社会规范和习俗获得。例如，我们经常把一周分成两段不等的时间，工作日和周末（Read，Loewenstein and Rabin，1999）。

在新古典经济学的典型假设下，宽归集可以实现总体最大化。在现实中窄归集的优势可能在于：第一，有助于减轻或克服与自我控制有关的问题；第二，减轻宽归集可能造成的相对更严重的焦虑；第三，降低宽归集可能产生的其他认知成本。

1.2 家庭经济决策的脑科学研究

进化心理学（Buss，2017）认为正像我们的身体在解剖和生理结构上经历了数百万年严酷的自然选择一样，我们的大脑在解剖和生理结构上也经历了这一过程并最终进化出各种心理机制，因此，人类的偏好和决策方式在很大程度上是由过去的进化过程决定的。脑科学家对人类的经济决策做了一系列研究。

1.2.1 不确定性决策的神经科学基础

根据个体面临的决策条件不同，决策可以分为确定性决策与不确定性决策。而不确定性决策，根据各选项结果的概率是否可知，又可分为风险决策与含糊决策。随着研究的不断深入，风险决策和含糊决策的研究视角已经从决策行为层面延伸到心理层面，最终到达生理层面。

近年来，随着功能性磁共振成像（fMRI）和事件相关电位（ERPs）等技术的快速发展，从神经科学角度对不确定决策的研究取得了一些突破。神经科学的研究发现决策制定的神经运作系统由高度复杂、紧密联系的回路组成。这个回路主要包括眶额叶皮质、腹内侧前额叶皮质、背外侧前额叶皮质、前扣带回皮质、杏仁核、中脑边缘以及中脑皮质多巴胺通路等，研究表明该回路的特定脑区对应不同类型的决策处理功能。

1.2.1.1 风险决策和含糊决策的神经科学基础

2002 年，有研究者借助正电子发射计算机断层扫描技术分别研究了个体在风险和含糊情境下决策的神经基础，实验发现：在风险情境下，个体在面临收益时厌恶风险，在面临损失时追求风险；而在含糊情景下，个体无论是面对收益还是面对损失都采取含糊规避。该研究进一步发现，回报结构（收益或损失）与信息结构（含糊或风险）的相互作用会触发背内侧和腹内侧大脑区域的神经激活变化，这表明风险决策是认知过程和情感过程相互作用的结果（Smith et al.，2002）。

PET 脑成像数据显示，面对风险和含糊博彩决策时，个体的评估行为近似本能，被激活的大脑区域主要分布在顶叶。并且，相比于风险博彩决策，含糊博彩决策还会激活额叶，这表明含糊博彩决策是一个更复杂的大脑认知过程（Rustichini et al.，2005）。

有研究者借助 fMRI 技术发现：当被试面对含糊决策时，眶额皮层、杏仁核以及背内侧前额皮层被激活；而在风险情境下，背侧纹状体（包括伏隔核）被激活。他们还发现，眶额皮层受损的病人是含糊中性的。因为眶额皮层能够接收来自边缘系统（包括杏仁核）的情感与认知输入，这就意味着对于正常被试，含糊决策经常会产生不安或者害怕情绪，这些情绪被传输到眶额皮层（Hsu et al.，2005）。眶额皮层受损会同时影响生理反应和决策行为；然而，眶额皮层的激活伴随着被试在损失情景下表现出风险寻求而降低。

另外，杏仁核似乎参与编码模糊情景下的风险选择。相比只包含纯粹风险的自由选择试次，包含模糊性选项的自由选择试次中，杏仁核的激活程度更高。根据哈苏等（Hsu et al.，2005）对杏仁核区域激活的发现，更新和学习之间的连接非常重要且具有启发性。在纯粹风险下，杏仁核的显著激活很罕见或根本不存在。然而，当比较包含模糊性的选择和那些只包含纯粹风险的选择时，杏仁核存在很强的激活。

有研究发现，预期的脑岛区域激活与个体在决策任务中对风险的回避行为密切相关（Paulus et al.，2003），并且该脑区的激活能对风险回避行为加以预测（Kuhnen and Knuston，2005）。例如，博彩游戏实验发现，个体在损失的情况下追求风险（Gehring and Willoughby，2002）。又如，在货币风险决策实验中，研究者通过伏隔核区域和前脑岛的相互作用发现：当被试做出一个风险决策的前两秒，伏隔核区域被激活；当被试选择无风险的选项前，前脑岛被激活。这一研究解释了人们在风险决策时的神经学基础（Tom，Fox and Trepel，et al.，2007）。

1.2.1.2 风险、收益和损失分别编码的神经科学基础

研究者通过测量大脑激活数据，得出结论：大脑对期望收益和风险的编码是分离的。

迪克浩特等（Dickhaut et al.，2003）发现收益更能激发眶额叶皮层的活动，而损失则更易激发顶下和小脑区的活动。研究者对被试风险决策中的神经反应的观察发现，风险决策者在面对损失时更多地调用了与情绪相关的脑区，例如，杏仁核和眶回（orbital gyrus）区域（Breiter et al.，2001）。进一步对杏仁核受损者进行观察的实验中，被试需要在一系列风险任务中做出选择，结果显示，杏仁核受损者比正常被试更愿意冒险，更不担心潜在的损失。研究者进而推断，杏仁核对人们赌博时产生"可能会输钱"的警示起到了重要作用。当杏仁核受损时，这种作用就会减弱甚至消失（De Martino et al.，2010）。对风险敏感的脑区的激活包括脑岛（insula）、前扣带皮层（ACC）和额下（IFG）（Critchley et al.，2001；Paulus et al.，2003；

Huettel et al.，2005）。其中一些区域（如脑岛）似乎专门编码风险（Preuschoff et al.，2006，2008）。

我国有研究者指出，前扣带回皮质在预示风险选择方面发挥作用。相比于收益信号，损失信号可以引起一个弱的却重要的反馈相关负波。这表明大脑前扣带回皮质可能相当于一个预警系统，警示大脑对接下来的事件做好准备（Yu and Zhou，2006a）。经过进一步研究发现，大脑前扣带回皮质能够预示风险选择并且可能发挥以下作用：作为一个预警系统以提醒大脑对伴随着风险选项的潜在损失结果做出应对（Yu and Zhou，2009）。

1.2.1.3 风险预期误差的神经科学基础

人脑在长期面对变化的环境中形成了不确定性决策的预期奖赏学习机制。预期奖赏学习很复杂，不仅受（风险）预期误差大小的影响，其他因素也对其有影响，例如，最优预期多大程度上能和预期误差共变。在环境迅速变化的情境中，先前的预期误差很快就被淘汰，因此，个体主要依靠近期的预期误差进行预测。此外，在简单金钱赌博中，脑区的激活似乎反映方差（或者标准差），也就是预期误差平方的期望（Preuschoff et al.，2006，2008）。因此，编码提供了一个可以用来计算风险规避机制效用的关键参数，支持了经济学中利用方差和标准差来衡量风险的做法。

正如多巴胺系统中的预期奖赏信号，在一些脑区中与风险相关的激活实际上反映了风险预期误差。具体而言，前脑岛的相位激活与风险预期误差存在很强的相关性（Preuschoff et al.，2008）。

1.2.2 跨期决策的神经科学基础

跨期决策（intertemporal choice）指的是人们对不同时间点的损益做出权衡的过程（Frederick et al.，2002；Duan，Wu and Sun，2017）。主流跨期决策模型认为，跨期决策存在一个时间折扣过程（Laibson，1997；Loewenstein and Prelec, 1992; Samuelson, 1937)。所谓时间折扣,是指人们会根据将来获益或损失的延迟时间对其效用进行折扣,折扣后的效用小于原来的效用。延迟折扣率越高,表明决策者越偏好即时奖励;延迟折扣率越低,表明决策者越偏好延迟奖励,可用 k 值进行衡量。在跨期决策中,决策者在面临延迟的大额奖赏和即时小额奖赏时,随着延迟时间的不断增加,偏爱后者、展现出短视倾向的行为被称为冲动决策(Dixon, Marley and Jacobs, 2003; Kirby and Petry, 2004; 秦幸娜等, 2015)。冲动决策受到情绪、时间感知、时间"贫穷"和压力多方面因素的影响。

1.2.2.1 情绪对跨期决策的影响

在情绪和情感的成分加工理论中,情绪被认为是对具有一系列同步特征的外在和内在事件的离散反应。情绪可以按照特定的维度来进行划分,一种是通过效价和唤醒度来表示,另一种是按照动机来划分。跨期的决策偏好会受到情绪的影响,近年来,有很多学者开始关注和研究情绪对于跨期选择决策的影响。勒纳等(Lerner et al. , 2015)提出,情绪对于跨期决策是一个普遍的、有效的、可预测的影响因素。大量的研究证据表明,不同情绪状态下的跨期决策存在显著差异。

在积极情绪下,决策者会变得更加耐心,更具备长远目光,有更强的选择延迟奖励的倾向。

在情绪影响跨期决策的一项实验中,愉悦情绪下被试的时间折扣率低于中性情绪和悲伤情绪下的被试,且愉悦情绪使个体的距离敏感度降低,被试更倾向于选择延迟奖励(王鹏、刘永芳, 2009);同时,主观幸福感较高的个体,拥有更多的积极情绪和更少的消极情绪,在跨期决策任务中更倾向于选择大而远的收益,即延迟大额奖励(Diener, Eunkook and Richard, 1999;杨鑫蔚、何贵兵, 2015)。消极情绪是在跨期选择中表现出不合理急躁行为的主要驱动力(Loewenstein and Prelec, 1992),在消极情绪下,决策者会变得不耐心,倾向于选择即时小额奖赏。例如,一项实验研究发现悲伤的人更不耐心，更倾向于立即获得回报，这可能是由于在悲伤情绪下，个体有更强的动机去用眼前的满足来弥补心理上的损失感，修复自己的情绪（Lerner，2003）。同样地，高低状态焦虑者的延迟折扣率存在显著差异，高焦虑者更倾向于选择马上就能得到的小奖赏（高亢，2009）。在考察恐惧情绪对跨期选择的影响的实验中，相比于中性对照组，恐惧组被试在跨期选择中表现得更加短视，更愿意放弃将来更大的回报以换取立即的更小回报（佘升翔等，2016）。另外，消极情绪可以引起"动机转移"，使得当前满足的欲望战胜了长期目标收益的吸引力，决策者因此更偏向即时奖励（Herman，2003）。总的来说，积极情绪可以降低个体的时间折扣率，使其更加偏爱长期选项；消极情绪可以增加个体的时间折扣率，使其更加偏爱短期选项。

除了折扣模型外，非折扣模型也可以对跨期决策行为进行解释，一些学者从单位占优模型出发，提出了自己的观点。单维占优理论认为，在跨期决策中，决策者需要在延迟维度和结果维度上进行选项间的比较，然后根据占优势的维度来进行选择。如果结果的差异大于延迟的差异，决策者将只在结果维度上做决策，即选择拥有更大结果的选项；反之，如果延迟的差异大于结果的差异，决策者将只在延迟维度上做决策，即选择更早获得结果的选项。有研究表明，积极情绪下，个体更关注"结果"维度，认为"结果"维度上的差异大于"延迟"维度上的差异，从而根据结果维度进行决策，倾向于选择结果更大的延迟选项；消极情绪下的个体更关注"延迟"维度，认为"延迟"维度上的差异大于"结果"维度上的差异，从而根据延迟维度进行决策，倾向于选择时间更近的即时选项，维度间差异比较在情绪对跨期选择偏好的影响中起到中介作用（蒋元平等，2022）。

解释水平理论从信息加工角度阐释了不同效价的情绪对跨期决策的影响。解释水平理论认为人们将个体或者事件表征为不同的抽象水平，从而对个体或者事件有不同的思考方式。解释水平取决于人们所感知到的对某个体或事件的心理距离，并会对决策行为产生影响。心理上遥远的事件由高水平的解释表示，心理上接近的事件由低水平的解释表示（Trope and Liberman，2003）。高解释水平是基于认知的，其特点为抽象的、主要的、全局的，基于目标的，代表对行为更抽象的描述，使得个体倾向于关注延迟选项。即积极情绪诱发高解释水平，增强个体的认知灵活性，思维灵活度和未来导向更高，提高对信息的注意力和整合能力，使个体能掌握更丰富的信息，做更充分的分析，对事物的评价更注重整体和目标相关的信息，促进高水平解释，给予延迟收益更大的权重，延迟收益偏好增强，所以在跨期决策中会为了获得更多的金钱价值而愿意等待。低解释水平是基于情绪的，具有具体的、次要的、局部的、边缘的特点，消极情绪诱发低解释水平，决策者思维不够活跃，意识相对窄化，更加关注具体的即时选项（Trope and Liberman，2003，2010），对事物的评价更注重具体、局部的信息，所以在跨期决策中会关注于选项的时间属性，没有耐心等待而选择即时满足。

自我控制理论认为，积极情绪可以补充个体的意志力和自我控制资源，提高自我控制力，从而使个体能够更耐心地等待未来的更大收益；而消极情绪则会消耗自我控制能力，使个体变得更加不耐心，偏好即时收益。另外，积极情绪可以使控制认知灵活性的脑区释放多巴胺来影响决策行为，为上述认知解释提供了生理学证据（Ifcher and Zarghamee，2011）。

除了效价和唤醒度维度，情绪还可以按照动机来分类，即趋近或退缩（Davidson et al.，1990；Davidson，2000）。情绪的主要作用之一是驱动行动，不同的情绪状态对行为有不同的导向。情绪的动机维度具有适应功能，趋近情绪包括快乐、惊讶、愤怒等，与这些情绪相关的情景中，人们存在趋近的动机；退缩情绪包括悲伤、厌恶、恐惧等，与这些情绪有关的情景使人们产生退缩倾向。情绪动机理论认为，人们对情绪事件的认知可分为趋近动机与回避动机（Gable and Eddie，2010）。趋近动机是指对某一物体或者目标接近的驱动力；回避动机即对某一物体或目标回避的驱动力，趋近和回避动机合称为情绪动机。一般来说，趋近动机增加冲动决策，回避动机减少冲动决策。

通过对具有趋近动机情绪和回避动机情绪的未来时间的想象以及跨期决策研究，实验发现对具有趋近动机情绪的未来事件的想象会降低个体在跨期决策中的延迟折扣率，对具有回避动机情绪的未来事件的想象则会增加延迟折扣率（杨玲，2023）。

1.2.2.2 压力对跨期决策的影响

时间压力、认知压力和社会压力都会对风险决策和跨期决策产生影响。在决策过程中，人脑是遵循双系统模型来进行信息加工的，即基于情感的系统1和基于理性的系统2。①卡尼曼（Kahneman，2011）形象地把这两个系统称为快系统与慢系统。系统1的启动是无意识的，不需要集中注意力，是快速的自动加工系统；系统2的启动是有意识的，需要集中注意力，相对比较慢，决策的质量和准确性也要高很多。一般情况下，两个系统共同发挥作用，但随着压力的增大，系统1开始占据支配地位。短期内，压力会通过类固醇皮质激素和去甲肾上腺素的共同作用迅速增加神经元活动，例如，引起兴奋性神经系统中的神经递质谷氨酸的增加（Karst et al.，2010），从而引起情绪激活。情绪可以绕过理性通路，压倒思维中枢，激发原始的情绪反应，直接做出决策，使行为主体适应环境（Ledoux，1995）。因此，在高压力下，决策者的情绪受到激发，决策更多依赖系统1。在跨期决策中，做出近期决策往往与系统1相关，所以在高压力下，决策者往往表现出短视倾向。在慢性压力和急性压力下，个体在跨期决策中均倾向于选择即时小额奖励，关注近期利益，表现出缺乏耐心和短视倾向（陈希希、何贵兵，2014）。另外，曼尼等（Mani et al.，2013）发现农民在丰收之前面临较高水平的财务压力，此时认知能力测试分数较低，相比于丰收后，丰收前测量的IQ分数会低10个点。

---

① 双系统模型的通用术语——系统1与系统2在2000年被首次提出（Stanovich and West，2000）。

自我控制理论为压力对跨期决策的影响机制提供了另一种解释。特定事件内个体的自我控制资源是有限的，自我控制越低的个体越有可能在跨期决策中做出短视选择（Baumeister and Heatherton，1996）。个体进行自我控制的时候会产生自我损耗，若自我损耗过重，自我控制资源余量不足，后续需要自我控制的任务会因此失效（Muraven，Tice and Baumeister，1998；Baumeister，Vohs and Tice，2007）。人们在应对压力适应压力环境的行为也会消耗自我控制资源，因为处理压力的过程会涉及压抑，例如，克制负面想法、抑制情绪等，压抑活动的执行都会消耗自我控制，当自我控制资源所剩无几时，个体做出冲动行为，在跨期中表现出短视倾向（Hagger et al.，2010）。

1.2.2.3 时间感知对跨期决策的影响

跨期决策过程中的两个结果被一段时间隔开，而延迟选项的价值会因为时间因素而打折扣，因此，时间是跨期决策的关键维度之一。个体时间感知差异会影响跨期决策，当个体对未来时间的感知是不确定、不乐观、不连续的时候，通常会选择即时选项。未来时间感知涉及未来时间洞察力、未来自我连续性和时间观等概念，这三个部分均会对跨期决策偏好产生影响。

（1）时间洞察力是指个体在时间的认知、体验上表现出来的较为稳定的心理和行为特征（黄希庭，2004），未来时间洞察力是指个体对未来时间的主观感知和取向，表达了个体专注自己当下行为对未来结果的影响和实现其长期目标的导向。具有高未来时间洞察力的个体，以未来作为时间参考点，在跨期决策中更关注未来，并延迟满足（陶安琪、刘金平、冯延勇，2015）。而具有低未来时间洞察力的个体，在跨期决策中可能会更关注当下，选择即时选项。

（2）未来自我连续性是指个体对现在的自我和未来自我之间的连续性和一致程度的认识（李爱梅、马钰，2021）。个体跨期决策的收益程度和时间偏好可以通过其感知到的现在和未来自我之间的联系程度来预测。若当前自我与未来自我之间的联系程度非常弱，即未来自我连续性低，个体认为未来自我与当前自我并非同一个体，而是将未来自我视为陌生人，那么个体会将资源更多地分配给当前自我，认为当前的利益比未来的利益更重要，偏向于即时选择；若当前自我与未来自我之间的联系较强，未来自我连续性高，个体将当前自我与未来自我视为统一整体，在决策过程中会考虑未来自我的利益，将资源倾向未来自我，在跨期决策中偏好长期选项（Ersner-Hershfield，2011）。心理距离介入未来自我连续性对跨期决策产生影响的过程中，一般来讲，长期目标和结果更加抽象和难以确定，因此与个体自我感知的心理距离更远，这会削弱长期目标的激励能力（Andre，van Vianen and Peestma，2018）。

（3）时间观是个体进行未来时间判断的一种线索。跨期决策中的主观时间感知是一种对未来时间（选项间的间隔时间）的估计，人们具有的相关看法对估计结果有重要影响。由于时间观是人们认识时间的总体性观念，因此，时间观会对跨期决策中的时间感知产生影响，进而影响跨期决策。根据个体对时间认识的不同，可以将时间观区分为线性时间观和循环时间观（Caillois and McKeon，1963；Overton，1994）。持有线性时间观的人认为，时间是一种线性单向运动过程，一去不复返，像一条不断向前延伸、发展变化着的直线（Baltes，1987；Lightfoot and Lyra，2000）。与之相比，持有循环时间观的人认为时间是一种不断重复的环形运动，是一个不断向原点返回的可逆的过程，像一个圆圈，事物随着时间呈现不断重复发生的周期性变化（Sheth and Shimojo，2000；Yamada，2004；Yamada and Kato，2006）。研究发现，人们在跨期决策中的偏好受到他们所持有的时间观念的影响。相较于持有循环时间观的人，持有线性时间观的人更加偏好近期选项，这是因为时间观会影响人们对未来时间长度的感知，线性时间观下的时间感知会长于循环时间观。当有明确的时间标记线索时，时间观对时间判断的影响减弱，对跨期决策偏好的影响也会减弱（徐岚等，2019）。

此外，时间和注意力资源都有限的情况下，个体处理大量信息会出现时间过长的时间感知，影响个体对客观世界的信息加工，高估时间距离（Stetson，Fiesta and Eagleman，2007），从而影响跨期决策偏好。

1.2.2.4 情景预见对跨期决策的影响

海马和腹内侧前额叶共同参与未来具体情景的构建和想象。腹内侧前额叶在情景预见中具有重要作用，当被试在评估已经构建的未来情景时，腹内侧前额叶激活增强（Addis et al.，2007；Cooper et al.，2013；Schacter et al.，2017）。在跨期决策中，腹内侧前额叶也参与延迟收益的价值评价过程（Peters and Büchel，2009），腹内侧前额叶的损伤会增加延迟折扣（Sellitto，Ciaramelli and di Pellegrino，2010）。大脑腹内侧前额叶皮质损毁的被试，在爱荷华博弈测试中会做出不利的选择，他们往往会选择产生短期收益的选项，尽管这些选项在长期时是亏损的（Bechara，Tranel and Damasio，2000）。研究发现，情景预见组被试选择延迟收益的比例显著增高，有着更低的延迟折扣（Benoit et al.，2011）。海马也是情景预见关键区域（Gaesser et al.，2013；Yang et al.，2020），对海马损伤病人跨期决策的研究表明，海马在情景预见降低延迟折扣中发挥重要作用（Palombo et al.，2015）。

第 2 章

家庭金融与风险管理决策的传统理论研究

从行为经济学和神经科学领域对个人和家庭有限理性决策的研究可以看出，人类的脑神经结构和功能决定了人类的有限注意、认知能力的局限性、决策不一致等行为特征，因而在面对复杂不确定性和长期跨期决策方面难以做出科学的决策。有限理性的决策可能导致家庭无法做出完善的财富与风险管理规划，出现储蓄不足、投资效率低、抗风险能力不足等问题。

家庭经济活动最一般的特征是在获取了可支配的资源以后通过一系列的决策，最终将这些资源分配在不同的用途和各个生命周期阶段上，从而最大限度地满足自己的需求（当期需求和未来需求）。人类行为之所以具有"最大化"的理性特征，是因为只有最大化的人类行为才能穿透漫长的、危机四伏的生存空间。人类对"最大化"的理性追求和"有限理性"的决策能力之间产生了不可避免的矛盾，为了进一步研究和解决这一矛盾，本章将对家庭财富与风险管理决策的传统理论研究进行总结。

2.1　家庭经济决策特征

行为经济学和脑科学研究发现，人们的决策具有有限理性，这些有限理性的表现看似错综复杂，但这些决策行为的背后大多可以找到逻辑可以解释的外部原因或者生理原因。因此，家庭经济决策表现出明显的个体差异可能正是因为家庭的外部环境不同以及决策者本身的决策特征不同。为了建立家庭财富与风险决策的理论模型并进行量化研究，本节将对学术领域的研究证实存在，并且可以进行度量的决策特征进行总结。

2.1.1 风险偏好

正如第 1 章所述，前景理论对个体在风险决策中表现出的偏好给出了相较期望效用理论更加细致的描述，但决策者的决策机制具有多样性，EU、CPT、RDU 等理论模型均无法独立解释所有决策者在不同情景下的决策行为，而且有实证研究发现仍有约 1/5 的决策者使用符合期望效用理论的决策机制。期望效用理论下决策的风险偏好研究相对比较成熟，因此本书采用这一理论下的风险偏好描述家庭在面对风险时的决策特征。

期望效用理论下需要考虑效用函数的形状以及风险规避系数。风险规避系数用来描述风险偏好程度。在已有的相关研究中，有四种消费效用函数被广泛运用，且具有不同的风险厌恶倾向（如表 2－1 所示）。这四种风险厌恶效用函数是构建消费决策模型时常用的效用函数形式，其中，负指数型效用函数和幂函数型效用函数是相关主流研究的常用形式。

表 2－1 风险厌恶函数类型及风险厌恶度量

风险厌恶函数	效用函数形式	单调性与凹凸性	风险厌恶度量	
			ARA	RRA
凹二次型	$u(c) = c - (a/2) \times c^2$	$u^{(1)}(c) > 0$；$u^{(2)}(c) < 0$	$a/(1 - a \times c)$	$a \times c/(1 - a \times c)$
负指数型	$u(c) = -(1/\theta) \times e^{-\theta \times c}$	$u^{(1)}(c) > 0$；$u^{(2)}(c) < 0$	θ	$\theta \times c$
幂函数型	$u(c) = c^{1-\rho}/(1-\rho)$	$u^{(1)}(c) > 0$；$u^{(2)}(c) < 0$	ρ/c	ρ
双曲线型	$u(c) = (1/r - 1) \times [a \times c/(1-r) + b]^r$	$u^{(1)}(c) > 0$；$u^{(2)}(c) < 0$	$[c/(1+r) + b/a]^{-1}$	$[1/(1+r) + b/(a \times c)]^{-1}$

普拉特（Pratt，1964）和阿罗（Arrow，1970）分别证明了 $R_A(c) = -u^{(2)}(c)/u^{(1)}(c)$ 能够被用来测量风险厌恶程度，因此，$R_A(c)$ 被称为 Arrow-Pratt 绝对风险厌恶度。具体地，为了获得一定的不确定性收益的期望效用，决策者必须放弃一定的收益，即风险溢价。$E[u(c+\tilde{\varepsilon})] = u(c-\rho)$ 中 $\tilde{\varepsilon}$ 是随机收益，c 是初始财富，ρ 是代表了风险厌恶水平的 Markowitz 风险溢价。$c-\rho$ 为确定性等价收益。通过泰勒展开，我们能够得到 $E[u(c) + u^{(1)}(c) \times \varepsilon + (1/2) \times u^{(2)}(c) \times \varepsilon^2 + Re] = u(c) - u^{(1)}(c) \times \rho + Re$。忽略泰勒展开式中的高阶项 Re，则 $u(c) + (1/2) \times u^{(2)}(c) \times \mathrm{Var}(\varepsilon) = u(c) - u^{(1)}(c) \times \rho$，得到 $\rho = -(1/2) \times u^{(2)}(c) \times \mathrm{Var}(\varepsilon)/u^{(1)}(c)$。其中，$\mathrm{Var}(\varepsilon)$ 表示客观不确定性，而 $u^{(2)}(c)/u^{(1)}(c)$ 代表个人主观偏好。同理，相对的概念，同样可以得到 $R_R(c) = -c \times u^{(2)}(c)/u^{(1)}(c)$，被称作 Arrow-Pratt 相对风险厌恶度量。事实上，到目前为止，大量相关研究仍使用这两种风险厌恶度量函数，即 $ARA = -u^{(2)}(c)/u^{(1)}(c)$ 和 $RRA = -c \times u^{(2)}(c)/u^{(1)}(c)$。

由表 2-1 可知，不同的效用函数根据不同的风险度量方法度量，显示出不同的风险厌恶倾向。其中，负指数型效用函数的绝对风险厌恶系数为常数，被称为常绝对风险厌恶函数。幂函数型效用函数的相对风险厌恶系数为常数，被称为常相对风险厌恶函数。双曲线型效用函数是一组效用函数，其绝对风险厌恶系数是一条正的双曲线。

采用相对量变的优点在于消除了量纲影响，从而能更好地把握经济变量的变化。相对风险厌恶度是测量经济人在行为的相对量变中对风险的厌恶程度大小。因此，本章选择具有常相对风险厌恶倾向的幂效用型函数，作为家庭消费效用函数主体，如公式（2-1）所示。

$$u(c_t) = \frac{c_t^{1-\rho}}{1-\rho} \qquad (2-1)$$

公式（2-1）中，c_t 为家庭第 t 期消费；$\rho(0 < \rho < 1)$ 为家庭的常相对风险厌恶系数，家庭消费相对风险厌恶越强则 ρ 值越大。

2.1.2 时间偏好

萨缪尔森（Samuelson，1937）发展了一个跨期选择模型，他将心理因素归结为固定参数——时间偏好。由本书第 1 章可知，决策者的跨期决策行为差异主要取决于决策者更看重现在消费还是更看重未来消费，即决策者的时间偏好。行为经济学对决策者跨期选择行为的研究显示，家庭未来各期的期望效用的贴现因子不为常数，短期的贴现率会大于长期的贴现率。大量的实证研究和心理学研究已经证明了消费者偏好转变的存在，双曲线函数具有递减的贴现率，更符合实验数据。双曲线型贴现存在两种形式：双曲线型贴现形式和准双曲线型贴现形式。本书选择相关研究采用较多的准双曲贴现形式来描述家庭跨期决策中的时间偏好。准双曲折现函数形式可以表达家庭消费和财富积累的偏好转变及时间不一致性（Laibson，1997），如公式（2-2）所示。

$$d(\tau) = \begin{cases} 1, & \tau = t \\ \beta\delta^{\tau-t}, & \tau > t \end{cases} \qquad (2-2)$$

公式（2-2）中，$\beta(\beta>0)$ 和 $\delta(0<\delta<1)$ 是家庭消费效用贴现参数。$\beta=1$ 表示家庭生命周期消费无偏好转变，具有时间一致性，$\beta\neq1$ 表示家庭生命周期消费在不同的生命周期阶段会发生偏好转变，不具有时间一致性，具体地，$0<\beta<1$ 表示家庭在短期消费上具有弱忍耐性，$\beta>1$ 表示家庭在短期消费上具有强忍耐性；家庭对生命周期某个阶段的消费越重视，则 δ 值越大。

2.1.3 消费惯性强度

行为经济学研究显示，决策者以目标为参照点，如果没有达到目标，决策者会觉得自己处于亏损的境地。习惯形成模型中，今日消费的增加会通过增加习惯消费水平而提高明日的消费参考点。因此，家庭消费在时间维度上体现出一定程度的刚性和惯性。为了体现家庭消费的惯性，本章选择即期消费相对于过去消费的超额消费作为即期消费水平，如公式（2-3）所示。

$$c_t^* = c_t - \lambda c_{t-1} \qquad (2-3)$$

$$u(c_t^*) = u(c_t - \lambda c_{t-1}) = \frac{(c_t - \lambda c_{t-1})^{1-\rho}}{1-\rho} \qquad (2-4)$$

公式（2-3）中，$\lambda(0 < \lambda < 1)$ 为家庭消费惯性强度系数，家庭消费惯性越强则 λ 值越大，$\lambda = 0$ 表示家庭不具有消费惯性。

2.1.4 财富积累动机

尽管新古典经济学模型一般都假设消费效用最大化是消费者的目标，消费者增加财富是为了增加未来消费效用，效用最大化目标隐含了财富最大化的目标。然而，自从科布（Kurb，1968）首次将财富积累动机引入效用函数后，越来越多的相关研究证明财富积累动机的存在极其重要，例如，邹（Zou，1994）综合了史密斯等（Smith et al.，1937）、奈特（Knight，1942）、韦伯（Weber，1958）、凯恩斯（Keynes，1971）、马克斯（Marx，1977）及阿克顿（Acton，1988）等的研究成果，证明了为什么财富积累动机引入消费效用函数中具有必要性。虽然除了消费能够给家庭带来效用，家庭财富的增值也产生效用，但是家庭财富增值所产生的效用与家庭消费效用之间并不存在简单的可加性，二者存在一定的效用边际替代性。因此，为了体现家庭财富积累动机，本章以边际替代形式将财富增值项引入消费效用函数，如公式（2-5）所示。

$$w_t^* = w_t - w_{t-1} \qquad (2-5)$$

$$u(c_t^*, w_t^*) = u[(c_t - \lambda c_{t-1}) + \eta(w_t - w_{t-1})]$$
$$= \frac{[(c_t - \lambda c_{t-1}) + \eta(w_t - w_{t-1})]^{1-\rho}}{1-\rho} \qquad (2-6)$$

公式（2 - 6）中，η 为家庭消费与家庭财富增值的边际效用替代率，即家庭财富增值一单位相当于家庭消费的单位数。

2.2 家庭生命周期模型

朗里特（Rowntree，1901）首次提出家庭生命周期概念，根据家庭各阶段的收入和需求的关系定义了一个家庭生命周期。具体地，其家庭生命周期起始点为 0 岁，此后涵盖童年、结婚、生子和退休四个阶段。

由图 2 - 1 可知，家庭生命周期概念以家庭重要事件为标准进行一系列阶段划分，涉及家庭成员结构、收入结构、支出结构等内容。这些都是影响家庭生命周期消费决策的重要因素。由此可见，家庭生命周期分析贯穿于家庭财富与风险管理的整个过程中。

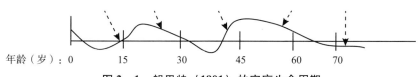

图 2 - 1　朗里特（1901）的家庭生命周期

20 世纪 30 年代，家庭生命周期的概念基本建立起来，索洛金、齐默曼和盖尔平（Sorokin，Zimmerman and Galpin，1931）以及柯克帕特里克、图赫和考尔斯（Kirkpatrick，Tough and Cowles，1934）分别按照家庭成员和子女教育程度作为参考变量划分了家庭生命周期，两者所划分的标准和家庭生命周期阶段如表 2 - 2 所示。

表 2 - 2   20 世纪 30 年代的家庭生命周期阶段划分

文献	划分的标准	家庭生命周期阶段划分
索洛金、齐默曼和盖尔平（1931）	家庭成员变化	1. 刚结婚，夫妻开始独立生活 2. 开始养育孩子，有一个或者几个孩子 3. 孩子成年，能够独立生活 4. 年龄变大
柯克帕特里克、图赫和考尔斯（1934）	孩子受教育状况	1. 上学前的家庭 2. 有上小学孩子的家庭 3. 有上中学孩子的家庭 4. 所有家庭成员都是成年的家庭

20 世纪 40 ~ 50 年代是家庭生命周期理论模型的发展阶段，20 世纪 60 ~ 80 年代末是家庭生命周期理论模型研究的重要阶段，家庭生命周期理论模型在该时期发展成熟。表 2 - 3 汇总了一些代表性的家庭生命周期模型。

表 2 - 3   代表性的家庭生命周期模型及阶段划分

文献	家庭生命周期阶段	生命周期类型
罗杰斯（1962）	1. 孩子出生 2. 孩子入学 3. 孩子离家 4. 家庭主人退休	1. 家庭开始（无子女夫妇） 2. 婴儿诞生（长子或长女年龄小于 3 岁） 3. 学龄前家庭 4. 学龄家庭 5. 青少年家庭 6. 年轻的成年人家庭 7. 孩子离开家庭 8. 中年家庭（从所有孩子离家起至家庭夫妇退休前） 9. 老年夫妇（从退休起至家庭夫妇有一方死亡） 10. 鳏寡期（从家庭夫妇有一方死亡至家庭消失）
威尔斯和格巴（1966）	1. 家庭主人年龄大于 44 岁且小于 45 岁 2. 配偶的社会地位 3. 最小孩子年龄大于 5 岁小于 6 岁 4. 是否依赖孩子 5. 是否仍在工作	1. 单身阶段（年轻单身没有和家庭生活在一起） 2. 新婚夫妇（无子女） 3. 满巢 I（最小孩子年龄小于 6 岁） 4. 满巢 II（最小孩子年龄大于 6 岁） 5. 满巢 III（长子或长女已婚，但仍有子女在家庭中） 6. 空巢 I（孩子均离家，但家庭夫妇仍在工作） 7. 空巢 II（孩子离家且已退休） 8. 寡居 I（独居但仍在工作） 9. 寡居 II（独居且已退休）

续表

文献	家庭生命周期阶段	生命周期类型
杜瓦 (1971)	1. 长子或长女出生 2. 长子或长女年龄 3. 长子或长女离家	1. 已婚无子女夫妇 2. 孩子出生（长子或长女年龄小于 30 个月） 3. 学龄前家庭（长子或长女年龄在 2～6 岁之间） 4. 学龄家庭（长子或长女年龄在 6～13 岁之间） 5. 青少年家庭（长子或长女年龄在 13～20 岁之间） 6. 孩子离家（从第一个孩子离家到最后一个孩子离家） 7. 中年双亲家庭（空巢到退休） 8. 家庭老化（从退休到家庭夫妇双方都死亡）

罗杰斯（Rodgers，1962）提出了一个针对核心家庭阶段划分极为详细的家庭生命周期模型，共包括 24 个阶段，由于阶段划分过细，该模型并没有得到广泛的应用；威尔斯和格巴（Wells and Gubar，1966）扩展了兰辛和莫甘（Lansing and Morgan，1955）的家庭生命周期模型，划分为九个阶段，该模型被广泛应用于家庭食品、服务、耐用品的消费研究之中；德瑞克和莱菲尔德（Derrick and Lehfeld，1980）、瓦格纳和汉纳（Wagner and Hanna，1983）指出，威尔斯和格巴（Wells and Gubar，1966）的生命周期模型在区分新婚夫妇和年长的结婚夫妇或无子女夫妇的标准上存在缺陷；杜瓦（Duvall，1977）的模型包含了八种类型的家庭，并且是在两代人的基础上建立起来的模型，受到家庭发展相关研究的广泛引用，然而该模型中并没有考虑家庭户主的年龄。

莫非和史泰博（Murphy and Staples，1979）指出，威尔斯和格巴（Wells and Gubar，1966）的家庭生命周期模型将非传统家庭排除在外导致大量有效信息丢失，其建议将家庭生命周期扩展到非传统家庭，在原有的家庭类型划分标准基础上进行了改进，例如，在配偶的社会地位标准上增加了离婚类别，将家庭主人年龄分为三个具体阶段，即 35 岁以下、35～64 岁、64 岁以上；吉利和艾尼斯（Gilly and Enis，1982）针对家庭生命周期模型对美国家庭衣物总消费的预测能力，将莫非和史泰博（Murphy and Staples，1979）的模型与威尔斯和格巴（Wells and Gubar，1966）模型进行对比发现，前者并没有比后者存在解释进步，因此，其重新定义了一个涵盖 12 个阶段且能够更好地描述美国家庭严谨的家庭生命周期模型（如图 2 - 2 所示）。

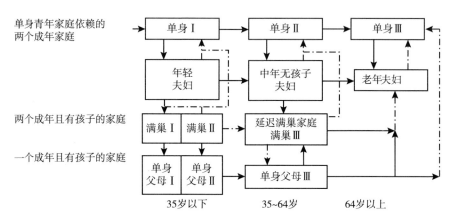

图 2 - 2　吉利和艾尼斯（1982）的家庭生命周期模型

　　综上可见，相关研究对家庭生命周期的划分并没有形成一个完全统一的标准，而是根据分析目的的差异，提出了多种家庭生命周期划分方式。虽然家庭生命周期划分方法具有很大的弹性，但是不论如何划分，处于不同生命周期的家庭，其经济行为特征包括人力资本状况、财富积累水平、消费收入模式、生活负担、风险承担能力甚至风险偏好程度等，均可能存在显著差异，这些家庭生命周期特征都会对家庭财富与风险管理决策产生影响。

2.3　消费储蓄理论

　　本书理论模型研究范围内的可支配资源仅考虑收入，包括家庭工资性收入和资本性收入。资源分配的用途包括当期消费、未来消费和应对纯粹风险事件的风险储备金。因此可以看出，家庭财富与风险管理应该纳入一个整体的决策模型中。

消费是指人们为了满足个人或家庭生活需要而消耗产品与享用服务的过程。在传统微观经济学或消费经济学中，家庭每一期的经济决策是在取得上一期收入后，确定当期消费，而将剩余部分的收入称为"储蓄"。即储蓄是指货币收入中未被消费的部分，从本质上来讲，储蓄决策也是消费决策行为，只不过为未来消费进行决策（伊志宏，2018）。这里的储蓄是该词的本义，即把节约下来的或暂时不用的钱物贮存起来备用，与储蓄存款含义不同，储蓄存款是社会公众将当期暂时不用的收入存入银行而形成的存款。储蓄的资金可以以多种金融资产的形式存在，储蓄存款仅是储蓄的一种形式。

从经济学角度而言，消费者行为的基本目标就是效用最大化。效用最大化可以分为静态效应最大化与动态效应最大。静态效应最大化是一个时点的概念，即在一个时点上，消费者在禀赋与市场约束前提下，选择所消费商品与服务的数量组合以实现其最大的总效应。动态效应最大化是一个时期的概念，即在一段时期内，消费者在禀赋与市场约束前提下消费商品与服务组合以实现其最大的总效用。因此，家庭财富与风险整合管理中，家庭经济决策的目标是在家庭生命周期全过程获得最大的总效用，即家庭生命周期动态效用最大化。为了进行更一般的研究，不考虑代际效应。

从经济学角度分析消费储蓄主要着眼于一个国家或一个单独的家庭应该储蓄（或消费）多少的问题，按照考察对象与分析立足点的不同，可以分为从宏观经济角度和微观经济角度研究消费储蓄行为两大类型。从宏观经济角度研究消费储蓄行为，主要研究总消费支出或总储蓄（资本积累）的变化及其对宏观经济的影响，当然也部分涉及消费结构的变化。从微观经济角度研究消费储蓄行为，主要研究收入、价格、利率等因素外生决定条件下，消费者为实现静态或动态效用最大化而选择的消费与储蓄决策。微观经济角度研究消费储蓄行为是个局部均衡问题，而从宏观经济角度研究消费储蓄行为是个一般均衡问题。本节将对微观经济角度的主要家庭消费储蓄理论进行总结。

2.3.1　家庭储蓄动机

研究消费问题的首要问题是增加即期消费能够给人们带来什么，对应的问题是人们为什么要减少即期消费而进行储蓄，而储蓄动机就是解决后者的主要因素。因此，消费理论中在设定消费效用函数后首先要解决储蓄动机问题。最早关于人们储蓄动机的比较完整的论述起源于 19 世纪 30 年代。凯恩斯（Keynes，1936）指出，一般来说，有八种主要的具有主观色彩的动机，可以使人不以其所得用之于消费。其后，莫迪利亚尼（Modigliani，1954）指出，个人之所以发生储蓄或负储蓄行为，主要取决于四种储蓄动机。布朗宁和卢萨尔迪（Browing and Lusardi，1996）总结了大多数经济学家关于储蓄动机的论述，主要包括以下九个部分：第一，生命周期动机（life-cycle motive），储蓄是为了保证生命周期各阶段的可预期的必要消费开支。当即期或未来的收入与预期消费不一致时，就会产生或正或负的储蓄。第二，跨期替代动机（inter-temporal substitution motive），即期储蓄是为了获取利息和升值，从而增加未来的消费或者出于满足财富增值欲望的动机。第三，预防性动机（precautionary motive），人们为应对未来收入和其他不确定性因素，在当期进行预防性的储蓄，预防性的动机是对各种不确定性因素的一种综合考虑。第四，提高或改善动机（improvement motive），即期储蓄是为了未来的支出能够逐渐增加进而实现未来更高的消费效用，属人类本能。第五，独立动机（independent motive），享受财富独立和掌控财富所带来的能力感。第六，创业动机（entrepreneurial motive），满足未来用来投机或开展商业项目发展事业的需要。第七，遗产动机（bequest motive），人们为自己的后代遗留部分财富而进行的储蓄。第八，贪婪动机（avarice motive），纯粹由于个人的节俭或吝啬的特点，压抑即期和未来的消费。第九，首付款动机（downpayment motive），为了购买房子、汽车或其他耐用消费品所需要的首付款而进行储蓄积累的动机。总体来看，这九种动机基本涵盖了人们所有的储蓄动机，在目前已查阅的国内外文献中，讨论所涉及的储蓄动机很少有超越上述九种动机范畴的。

储蓄动机因人而异，也会因时间而异。不同的家庭储蓄动机可能不同。某一个家庭，在一个时间段的家庭储蓄可能由于上述储蓄动机中的一个动机，也可能同时具有多种动机，尤其是当家庭收入不断增加后，储蓄动机可能会变得更加多样。同一个家庭，在不同时间，储蓄动机也会发生变化，尤其是在不同的生命周期阶段。

通过对九种储蓄动机的分析，本书将它们进一步归纳总结为三种主导性储蓄动机，即效用调期动机、风险管理动机、财富积累动机，具体如图 2-3 所示。

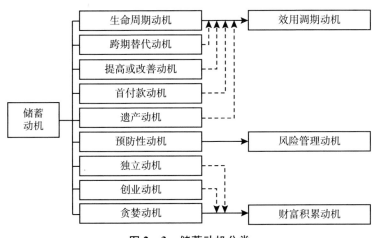

图 2-3 储蓄动机分类

效用调期是针对可预期的消费需求、改善性需求、教育需求、养老需求等，根据可预期的收入而有计划地将本可以当期享受的消费效用，通过金融工具调整到特定时期。效用调期的目的主要有两点。第一，满足不同生命周期阶段带来的特定消费需求。例如，家庭成立后的购房需求、养育孩子时期的教育需求、退休阶段的养老需求等。第二，满足平滑消费的需求。由于预期收入与预期消费不能完全匹配，而消费惯性的存在使得家庭会从全生命周期的视角主动调整每一期的消费。具体来看，跨期替代动机在形式上是抑制当前消费增加未来消费，这与生命周期动机的表现形式具有一致性，本质上也可以理解为生命周期动机下消费与储蓄决策的一种调期安排；改善动机本质上是家庭为了将来的生命周期某个阶段的生活质量能够得到改善而提前在即期抑制消费增加储蓄；分期付款动机是家庭为了在未来某个生命周期阶段的特定计划消费支出而抑制即期消费进行的一种储蓄准备；遗产是家庭财富跨期的代际转移，正如父母为子女购买玩具、衣服等会获得愉悦与满足一样，遗产动机就是父母希望把生前的消费效用主动跨期转移给子女的愿望。可见这四类动机都具有效用调期的特征。

由于家庭收入与支出均存在不确定性，当收入与支出偏离预期，家庭的效用调期将不能满足需求，从而产生风险。为了应对这种风险，家庭需要事先储备资金，由此产生了预防性储蓄动机，预防性储蓄的本质作用就是风险管理，因此本书从家庭财富与风险管理的角度将其定义为风险管理动机。家庭的收入的不确定性普遍存于家庭各类收入中。资产性收入面临金融风险和系统性风险，及时采用有效的资产组合投资策略，系统性风险仍然不能被分散。工资性收入也会受到行业波动的影响和宏观经济波动的影响。家庭支出的不确定性主要来源于各种财产风险、责任风险和人身风险，另外一个主要影响因素是通货膨胀的不确定性。

效用调期动机和风险管理动机主要是为了满足家庭的生理需要和安全需要。根据马斯洛需求层次理论，在满足了生理需要和安全需要的基础上，家庭成员可能会由于尊重的需要、自我实现的需要而产生独立动机、创业动机、贪婪动机。这三类动机下产生的储蓄本质目的是增加财富，这种财富的增值所追求的是超过资金时间价值和通货膨胀的增值，不同于效用调期动机储蓄由于资金跨期产生的来自资金时间价值的增值。

从心理账户的角度，效用调期动机、风险管理动机、财富积累动机产生的储蓄分别处于不同的心理账户中。从家庭资产配置的角度，这三类储蓄能够承担的风险、投资的期限、可以采用的金融产品也各不相同，具体差异我们将在本书实务部分进行分析。

2.3.2 传统消费储蓄理论

传统的消费储蓄理论从主流研究的脉络来看，主要可以分为：绝对收入和相对收入假说、持久收入假说、随机游走假说和确定性等价模型。

2.3.2.1 绝对收入假说和相对收入假说

绝对收入假说的核心在于人们的消费和储蓄取决于其可支配收入，该理论认为消费与可支配收入具有稳定的函数关系，如果给定可支配收入和消费倾向，尽管储蓄会受到主观的和社会的心理感受的影响，但其在短期内是不变的，因此，储蓄与可支配收入也具有稳定的函数关系：

$$y = c + s \tag{2-7}$$

$$c = c(y)，c'(y) = \alpha，(0 < \alpha < 1) \tag{2-8}$$

$$s = s(y) = y - c(y)，s'(y) = \beta = 1 - \alpha，(0 < \beta < 1) \tag{2-9}$$

公式（2-7）中，y 为可支配收入，c 为消费量，s 为储蓄量，二者独立。公式（2-8）和公式（2-9）α 是边际消费倾向，β 是边际储蓄倾向，二者短期值稳定且和为 1。因此，绝对收入假说认为短期内储蓄量的变化主要是由收入的变化引起的而与边际储蓄倾向无关。

相对收入假说认为人们在进行消费决策时存在两种效应，即棘轮效应和示范效应。前者是指人们易于随收入的提高而增加消费，但不易于随收入降低而减少消费，短期内产生正截距的短期消费函数；后者是指如果一个人的收入增加了，周围人或者同一阶层的人也同比例增加，那么他的收入中消费的比例不会发生变化，但如果周围人或同一阶层人的收入增加，而自己的收入未发生变化，则他会顾及自己在社会上的相对地位，进而增加其收入中的消费比例。

棘轮效应：

$$\frac{C_i}{Y_i} = \alpha_0 + \alpha_1 \frac{Y_0}{Y_i} \qquad (2-10)$$

示范效应：

$$\frac{C_i}{Y_i} = \alpha_0 + \alpha_1 \frac{\overline{Y_i}}{Y_i} \qquad (2-11)$$

$Y_i(i=0,1,\cdots,T)$ 是消费者的个人收入，$C_i(i=0,1,\cdots,T)$ 是个人消费。公式（2-10）中，Y_0 是按照物价指数调整过的过去达到的最高收入。公式（2-11）中，$\overline{Y_i}$ 是消费者周围人或同一阶层人的平均收入水平。

尽管相对收入假说相对于绝对收入假说有所进步，认为即期消费并不是取决于绝对收入而是相对收入，但其研究思路仍没有脱离绝对收入假说的研究框架。

2.3.2.2　生命周期-持久收入假说

莫迪利亚尼（Modigliani，1954）提出生命周期假说，其四个前提假设为：第一，人们的工作期内各阶段收入保持不变；第二，人生初始点财富值为0；第三，人们没有遗产动机，即人生终点财富值为0；第四，不考虑不确定性因素。该理论认为，人们是理性的，能根据自己生命周期收入和消费特征合理安排自己的消费和储蓄，并在生命终点消费支出完所有毕生财富，以实现整个生命周期的效用最大化。弗里德曼（Friedman，1957）提出持久收入假说，该理论与生命周期假说的主要区别在于其假设人们的收入具有无限期并且具有遗产动机，同时，尽管该理论提出通过储蓄来积累财富是为了预防未来收入的不确定性而进行的，即存在预防性储蓄动机，但由于其研究重点放在区分持久收入和暂时收入的区别上，并未对预防性储蓄动机进行进一步的讨论。综合来看，生命周期-持久收入假说理论可以表述为：

$$\max \sum_{t=1}^{T} u(c_t), \ u' > 0 ; \ u'' < 0 \qquad (2-12)$$

$$\text{s. t.} \sum_{t=1}^{T} c_t \leqslant \sum_{t=1}^{T} y_t + a_0 \qquad (2-13)$$

公式（2-12）是目标函数，即消费者追求生命周期全阶段的消费效用和最大化。公式（2-13）是预算约束条件，即消费者的消费支出总和不能超过初始财富值和生命周期全阶段收入和，其中，a_0 是指消费者的初始财富值。

生命周期假说与持久收入假说本质上是并无太大差异，两者都认为消费行为决策必须以消费者效用最大化为基础，都是在新古典主义框架下将消费的即期决策推广到跨期决策，其要点是当前收入只是决定消费支出的因素之一，预期和财富也是决定消费的因素。

需要强调的是，尽管持久收入假说提出居民进行储蓄积累财富是为了预防未来收入的不确定性而进行的，即存在预防性储蓄动机，但由于其研究重点放在区分持久收入和暂时收入的区别上，并未对预防性储蓄动机进行进一步的讨论。

2.3.2.3 随机游走假说

霍尔（Hall，1978）在跨期最优消费决策的模型中，以消费的二次型效用函数为基础，引入随机过程的不确定性因素以及理性预期，考察消费者消费的跨期效用最大化的欧拉方程，求得：

$$c_t = c_{t-1} + e_t \qquad (2-14)$$

公式（2-14）是第 t 期消费，e_t 是随机项，满足第 $t-1$ 期的有效信息的条件期望为 0，即 $E_{t-1}[e_t] = 0$。该理论认为，根据理性预期，按照持久收入假说寻找效用最大化的消费者的消费轨迹是一个随机游走（random walking）过程。

然而，其后的大量实证研究表明，存在三类与随机游走假说不一致的现象：第一，"迪顿悖论"，即对于时间序列数据，存在过度敏感性现象和过度平滑性现象，前者体现在消费的变化和预期收入正相关，后者体现在对不可预期的收入不敏感；第二，消费的预期增长与实际情况不吻合；第三，老年人的储蓄行为差别很大。此外，需要强调的是，霍尔（Hall）采用的消费效用函数为二次型效用函数，因此，不确定性对储蓄行为并没有产生实际的影响。

2.3.2.4 确定性等价

确定等价是以莫迪利亚尼（Modigliani，1954）、布伦伯格（Brumberg，1954）和弗里德曼（Friedman，1957）的原始模型为基础，并引入跨期替代动机和遗产动机后形成，是研究跨期消费和储蓄行为决策的常用模型。该理论认为，消费者通过跨期消费和储蓄的安排，使其消费的边际效用在整个生命周期的各阶段保持不变，且与支出单调相关。

假设条件有四个：一是完善的借贷资本市场；二是效用具有跨期可加性；三是消费者具有理性预期；四是消费的效用函数为二次型。由假设条件可以看出，该模型涵盖了生命周期、跨期替代动机和遗产动机三类储蓄动机。其生命周期消费跨期决策的最优化问题可以表述为

$$\max_{c_t} E_t \left[\sum_{i=0}^{T-t} \frac{u(c_{t+i})}{(1+\delta)^i} \right] \tag{2-15}$$

$$\text{s. t. } a_{t+1} = (1+r)a_t + y_t - c_t \tag{2-16}$$

$$a_{t+1} \geq 0 \tag{2-17}$$

公式（2-15）是消费跨期效用最大化目标函数，其中，$u(c_t)$ 是二次型效用函数；c_t 是第 t 期消费量；δ 是消费效用的主观贴现率，值越大表示消费者越重视该贴现期的消费效用。公式（2-16）是消费预算约束条件，其中，a_t 是第 t 期财富值；r 是财富收益率，且被假设与主观效用贴现率相等；y_t 是第 t 期收入。公式（2-17）表示生命终点财富值不为负，是遗产动机的一种表达。

由公式（2-15）至公式（2-16），我们可以得到确定性等价解：

$$c_{ceq,t} = k_{T-t+1}(w_t + h_t) \qquad (2-18)$$

$$k_{T-t+1} = \left(\frac{r}{1+r}\right)\left[\frac{1}{1 - \left(\frac{1}{1+r}\right)^{T-t+1}}\right] \qquad (2-19)$$

$$h_t = E_t \sum_{i=0}^{T-t} \frac{y_{t+i}}{(1+r)^i} \qquad (2-20)$$

从确定性等价可以看出：第一，由于消费与未来收入贴现值的理性预期成线性关系，生命周期中各期消费与对应的各期收入无关；第二，未来收入的边际消费倾向与未来收入的不确定性无关；第三，不存在遗产动机，消费者在生命周期末端将消费掉所有财富，即生命周期的后阶段将进行负储蓄；第四，消费不受过去信息的影响。因此，在确定性等价模型中，收入的不确定性分布并不对当期消费决策造成影响。

然而，从现有的文献中可以发现，许多实证研究已经证明确定性等价的失真性：第一，即期消费对即期收入增加的部分存在过度敏感性，不可能如确定等价模型中所述，即期收入的边际消费倾向为一个保持不变的 k 值；第二，由于人们存在遗产动机，米尔和丹齐格（Mirer and Danziger，1979）证明老年人在退休阶段并没有像 CEQ 中预测的那样进行负储蓄行为；第三，无风险利率与时间偏好主观贴现率并不相等。

2.3.3 预防性储蓄理论

2.3.3.1 预防性储蓄理论的提出与发展

从上述传统消费理论的发展可以看出，尽管收入的不确定性因素已经考虑到研究模型中，但由于消费效用函数为二次型效用函数，即效用函数的三阶导为 0，在理性预期下，并不对人们的生命周期消费跨期决策造成实际影响。然而，莱兰德（Lcland，1968）放弃了使用二次型效用函数，首次定义预防性储蓄是未来不确定的劳动收入而引起的额外储蓄，并证明当效用函数三阶导大于 0 时，确定性等价不成立，且此时的消费决策将比确定条件下更为谨慎；桑德莫（Sandmo，1970）运用两期模型证明了：对跨期可分的效用函数，当且仅当效用函数的三阶导大于 0 时，预防性储蓄存在且为正；米勒（Miller，1976）指出，在生命周期各期收入同质且独立同分布的情况下，上述结论对多期模型仍然成立；扎得斯（Zeldes，1989b）在 CRRA 函数下证明，消费者有明显的预防性储蓄动机。尤其，金融资产少且劳动收入不稳定的消费者明显对预测到的收入变化反应过敏，而对未预测到的收入反应迟钝；卡瓦列罗（Caballero，1990）指出，在不考虑风险的情况下，消费的变化主要源自持久收入的变化，而在考虑到风险的情况下，特别是劳动收入风险，消费者一定会通过储蓄来预防未来的不确定性风险，表现出一种过度平滑性。

2.3.3.2 预防性储蓄理论的求解方法

综合相关文献研究，存在以下四种预防性储蓄求解方法：

（1）常绝对风险厌恶指数化效用函数求解方法。常绝对风险厌恶负指数型效用函数形式为

$$u(c) = -\frac{1}{\rho}e^{-\rho c}, \quad (0 < \rho < 1 \text{ 且 } \rho \text{ 为常数}) \tag{2-21}$$

$$u'(c) = e^{-\rho c} > 0 \tag{2-22}$$

$$u''(c) = -\rho e^{-\rho c} < 0 \tag{2-23}$$

由公式（2-22）和公式（2-23）可以求得，常绝对风险厌恶系数为

$$ARA = -\frac{u'(c)}{u''(c)} = \rho \tag{2-24}$$

常相对风险厌恶负指数型效用函数的最优化问题：

$$\max_{c_t} E_0 \left[\sum_{t=0}^{T-1} (1+\delta)^{-t} \left(-\frac{1}{\rho}e^{-\rho c_t} \right) \right] \tag{2-25}$$

$$\text{s. t. } a_{t+1} = (1+r)a_t + y_t - c_t \tag{2-26}$$

$$y_t = y_{t-1} + e_t, \quad e_t \sim N(0, \sigma^2) \tag{2-27}$$

令主观贴现率 δ 和财富增值率 r 都为 0，得

$$c_{t+1} = c_t + \frac{\rho\sigma^2}{2} + e_t \qquad (2-28)$$

将消费预算约束条件公式（2-26）代入公式（2-28）中，得

$$c_t = \left(\frac{1}{T-t}\right)a_t + y_t - \frac{\rho(T-t-1)\sigma^2}{4} \qquad (2-29)$$

从公式（2-29）中可以看出，收入不确定性 σ^2 项与绝对风险厌恶程度 ρ 项都对即期最优消费路径产生影响。由此可知，抑制了消费而额外增加的储蓄，即预防性储蓄项为

$$y_t - c_t - \left(\frac{1}{T-t}\right)a_t = \frac{\rho(T-t-1)\sigma^2}{4} \qquad (2-30)$$

（2）常相对风险厌恶幂函数型效用函数求解方法。常相对风险厌恶幂函数型效用函数形式为

$$u(c) = \frac{c^{1-\rho}}{1-\rho}, \quad (0 < \rho < 1 \text{ 且 } \rho \text{ 为常数}) \qquad (2-31)$$

$$u'(c) = c^{-\rho} > 0 \qquad (2-32)$$

$$u''(c) = -\rho c^{-\rho-1} < 0 \qquad (2-33)$$

由公式（2-32）和公式（2-33）可以求得，常相对风险厌恶系数为

$$RRA = -c\frac{u'(c)}{u''(c)} = \rho \qquad (2-34)$$

常相对风险厌恶指数化效用函数的最优化问题：

$$\max_{c_t} E_0\left[\sum_{t=0}^{T-1}(1+\delta)^{-t}\left(\frac{c_t^{1-\rho}}{1-\rho}\right)\right] \qquad (2-35)$$

$$\text{s. t. } a_{t+1} = (1+r)a_t + y_t - c_t \qquad (2-36)$$

$$y_t = y_{t-1} + e_t, \quad e_t \sim N(0, \sigma^2) \qquad (2-37)$$

由公式（2-35）至公式（2-37）可以求得等弹性效用函数的欧拉方程为

$$\frac{1+r}{1+\delta}\left(\frac{c_{t+1}}{c_t}\right)^{-r} = 1 + e_{t+1}, \quad E_t[e_{t+1}] = 0 \qquad (2-38)$$

对公式（2-38）两边分别取对数和对数的近似表达式，可求得线性化的欧拉方程为

$$\Delta \ln c_{t+1} = \tilde{\beta} + \phi r + \frac{1}{2}\phi\sigma_{t+1}^2 + \mu_{t+1} \qquad (2-39)$$

其中，$\phi = \dfrac{1}{\rho}$，$\tilde{\beta} = \phi\ln(\beta)$，$\mu_{t+1} = -\phi[e_{t+1} - 0.5(e_{t+1}^2 - \sigma_{t+1}^2)]$，所以有 $E_t[\mu_{t+1}] = 0$。

由公式（2-39）可知，消费增长率受时间偏好率、利率和不确定性程度的影响，不确定性程度越高，消费增长率越低。

（3）泰勒展开式求解方法。戴南（Dynan，1993）采用将泰勒二阶展开式直接代入一阶条件的方法，给出最优消费路径和消费变动方差的关系。考虑典型的跨期最优消费决策模型：

$$\max_{c_t} E_t\Big[\sum_{i=0}^{T-t}(1+\delta)^{-i}u(c_{t+i})\Big] \qquad (2-40)$$

$$\text{s. t. } a_{t+i+1} = (1+r)a_{t+i} + y_{t+i} - c_{t+i} \qquad (2-41)$$

$$a_t \text{ 给定，} a_{T+1} = 0 \qquad (2-42)$$

由公式（2-40）至公式（2-41），得到 $t+1$ 期的一阶条件：

$$\left(\frac{1+r}{1+\delta}\right)E_t[u'(c_{t+1})] = u'(c_t) \qquad (2-43)$$

把 $u'(c_{t+1})$ 的二阶泰勒展开式代入上述一阶条件整理可得

$$E_t\Big[\frac{c_{t+1} - c_t}{c_t}\Big] = \frac{1}{\xi}\left(\frac{r-\delta}{1+r}\right) + \frac{\rho}{2}E_t\Big[\Big(\frac{c_{t+1}-c_t}{c_t}\Big)^2\Big] \qquad (2-44)$$

其中，$\xi = -c_t(u''/u')$ 表示相对风险厌恶系数，$\rho = -c_t(u'''/u'')$ 表示相对谨慎系数。如果 $\rho > 0$，则较高的预期消费增长与预期的消费增长的平方有关。

假设时间偏好率与利率都等于0，则戴南（Dynan，1993）的模型可以简化为

$$E_t\Big[\frac{c_{t+1} - c_t}{I_t}\Big] = \frac{1}{2}\alpha E_t\Big[\frac{(c_{t+1} - c_t)^2}{I_t}\Big] \qquad (2-45)$$

或者在公式（2 - 45）中两边同时除以 c_t 得

$$E_t \left[\frac{(c_{t+1} - c_t)/c_t}{I_t} \right] = \frac{1}{2} \gamma E_t \left\{ \frac{\left[(c_{t+1} - c_t)/c_t \right]^2}{I_t} \right\} \qquad (2 - 46)$$

其中，α、γ 是绝对和相对谨慎系数。公式（2 - 45）给出了消费路径斜率和消费变动方差的关系，公式（2 - 46）给出了一个预期增长率和它的方差的关系。从中我们可以发现，不确定性增加导致消费的方差增加进而导致了更为陡峭的消费路径。

（4）模拟仿真求解方法。长谷（Nagatani，1972）最早运用模拟方法去考察预防性储蓄动机，该研究假设消费者的折现率比真实利率高很多，并且人们在退休前存在消费增长，其模拟显示出很多预防性储蓄的特征，例如，高折现率的需要和不确定性对标准预防性储蓄的调整、不确定性的影响和人力与非人力财富的比率的相互作用以及两类财富的边际消费倾向之间的不同。此后，扎得斯（Zeldes，1989b）、迪顿（Deaton，1991）、卡罗尔（Caroll，1993）、阿塔纳西奥（Attansio，1995）等进行了更为复杂的模拟。其中，扎得斯（Zeldes，1989b）用数字技术验证和量化了多期模型中劳动收入的不确定性对消费的影响，并给出了一个非常精确的对最优消费解的近似，其模型不仅可以计算出预防性储蓄的最优量，而且还可以计算出消费对持久收入和暂时收入的最优敏感度，以及消费在不同时间上的预期增长率。

2.3.3.3 预防性储蓄的产生机制

考察一个标准的消费跨期决策问题，其假设条件为：第一，不存在遗产动机和流动性约束；第二，第 t 期的决策信息即期收入 y_t 和即期财富 a_t 已知；第三，t 期以后的各期劳动收入是随机的；第四，效用函数是跨期可加且具有凹性；第五，消费者的时间偏好率和随机实际利率分别为 δ_t 和 r_t，令 $\tilde{\beta}_t = 1/(1 + \delta_t)$，$\tilde{R}_t = (1 + r_t)$。则该消费者面对的最优化问题为

$$\max_{c_t} u(c_t) + E_t \left[\sum_{s=t+1}^{T} \left(\prod_{j=t+1}^{s} \tilde{\beta}_j \right) u(\tilde{c}_s) \right] \qquad (2 - 47)$$

$$\text{s. t. } a_{t+1} = \tilde{R}_{t+1}(a_t - c_t) + y_{t+1} \qquad (2-48)$$

$$s_t = a_t - c_t \qquad (2-49)$$

设价值函数为

$$V_t(a_t) = \max_{c_t} E_t \Big[\sum_{s=t}^{T} \big(\prod_{j=t}^{s} \tilde{\beta}_j \big) u(\tilde{c}_s) \Big] \qquad (2-50)$$

求得贝尔曼（Bellman）方程为

$$V_t(a_t) = \max_{c_t} u(c_t) + E_t \big[\tilde{\beta}_{t+1} V_{t+1}(\tilde{R}_{t+1}(a_t - c_t) + \tilde{y}_{t+1}) \big] \qquad (2-51)$$

令

$$\Phi_t(s_t) = E_t \big[\tilde{\beta}_{t+1} V_{t+1}(\tilde{R}_{t+1} s_t + \tilde{y}_{t+1}) \big] \qquad (2-52)$$

则上述问题转化为

$$V_t(a_t) = \max_{c_t} u(c_t) + \Phi_t(a_t - c_t) \qquad (2-53)$$

得到一阶条件：

$$u'_t(c_t) = \Phi'_t(a_t - c_t) \qquad (2-54)$$

由于 $V'_t(a_t)$ 和 $u'(c_t)$ 存在包络关系，由包络定理可得

$$V'_t(a_t) = \Phi'_t(a_t - c_t) \qquad (2-55)$$

由公式（2-54）和公式（2-55）可得

$$V'_t(a_t) = u'_t(c_t) \qquad (2-56)$$

同样地，有

$$V'_{t+1}(a_{t+1}) = u'_{t+1}(c_{t+1}) \qquad (2-57)$$

将公式（2-57）代入一阶条件，求得跨期分配的欧拉方程为

$$u'(c_t) = E_t \big[\tilde{\beta}_{t+1} \tilde{R}_{t+1} u'(c_{t+1}) \big] \qquad (2-58)$$

令时间偏好因子为常数等于1，一阶条件可以改写为

$$u'(c_t) = E_t \big[V'_{t+1}(a_t - c_t + \tilde{y}_{t+1}) \big] \qquad (2-59)$$

下面分三种情况讨论不确定性对消费者储蓄行为的影响：

（1）不存在不确定性，则 $\bar{y} = E[\tilde{y}_{t+1}]$，此时，无论消费函数是何种形式，一阶条件都可以写作

$$u'(c_t) = E_t \big[V'_{t+1}(a_t - c_t + \bar{y}_{t+1}) \big] \qquad (2-60)$$

即当期的消费的边际效用始终等于第 $t+1$ 期的边际价值，并不会产生预防性储蓄。

（2）如果消费的效用函数为二次型效用函数，则有下式成立：

$$E_t\left[V'_{t+1}\left(s_t+\widetilde{y}_{t+1}\right)\right]=V'_{t+1}\left(s_t+E_t\left[\widetilde{y}_{t+1}\right]\right)=V'_{t+1}\left(s_t+\overline{y}_{t+1}\right) \quad (2-61)$$

从公式（2-61）中可以看出，对于二次型效用函数，不确定因素对储蓄行为同样不产生影响。

（3）如果存在不确定性，同时效用函数为非二次型，例如，CARA 负指数型效用函数和 CAAR 幂函数型效用函数。由于其三阶导大于 0，边际价值函数的预期值要大于预期值的边际价值函数。此时，为了使一阶条件成立，消费者必须降低当期消费，与确定性等价的消费相比，减少的部分即预防性储蓄部分，即不确定性将对消费者的储蓄行为造成影响。

以 CARA 负指数型效用函数为例，由詹森不等式（Jensen's inequality），可得

$$V'_{t+1}\left(s_t+\overline{y}_{t+1}\right)=V'_{t+1}\left(s_t+E_t\left[\widetilde{y}_{t+1}\right]\right)<E_t\left[V'_{t+1}\left(s_t+\widetilde{y}_{t+1}\right)\right] \quad (2-62)$$

即 $E_t\left[V'_{t+1}\left(s_t+\widetilde{y}_{t+1}\right)\right]$ 函数在 $V'_{t+1}\left(s_t+E_t\left[\widetilde{y}_{t+1}\right]\right)$ 函数的上方（如图 2-4 所示）。

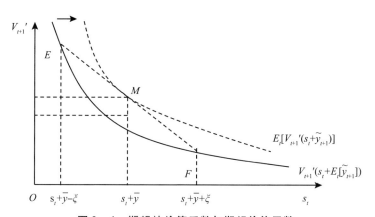

图 2-4 期望的价值函数与期望价值函数

具体地，假设随机劳动收入 $Y = \bar{Y} + \xi$，50% 概率情况下劳动收入为 $\bar{Y} + \xi$，50% 概率情况下劳动收入为 $\bar{Y} - \xi$，则边际价值函数的期望值与期望值的边际价值函数之间的关系为

$$E_t \left[V'_{t+1} (s_t + \tilde{y}_{t+1}) \right] = 0.5 V'_{t+1} (s_t + \bar{y} + \xi) + 0.5 V'_{t+1} (s_t + \bar{y} - \xi)$$

$$(2-63)$$

由消费效用函数特征可知，消费的边际效用函数是消费的递减函数，即 $u'(a_t - s_t)$ 是储蓄的增函数。而边际价值函数是消费的增函数且是储蓄的减函数，这主要是因为当期的储蓄使未来的消费增加，使未来的消费的边际效用递减。同时，由一阶条件公式（2-57）可知，$u'(a_t - s_t) = E_t \left[V'_{t+1} (s_t + \tilde{y}_{t+1}) \right]$，即两条曲线的交点为最优储蓄量点（如图 2-5 所示）。

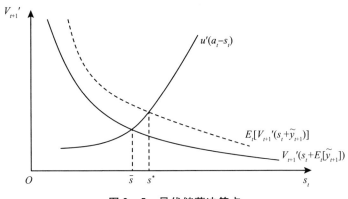

图 2-5 最优储蓄决策点

预防性储蓄即确定性下的最优储蓄量 $\bar{s}$ 与不确定下最优储蓄量 s^* 之间的差值，即 $(s^* - \bar{s})$。

2.3.4 流动性约束假说

扎得斯（Zeldes，1989a）将流动性约束定义为消费者的资产水平低于其两个月的收入，消费者就会受到流动性约束。当金融市场向个人提供借

贷服务后，相关研究一般认为，流动性约束指由于信贷市场不完善，消费者无法无成本地借贷，从而难以实现其预想的消费。这部分遭受流动性约束的消费者在需要借贷的阶段或遭受暂时性冲击时难以通过借贷来平滑生命周期消费，从而难以实现动态最优的消费路径。中国家庭约 9.1% 面临着流动性约束（甘犁、赵乃宝、孙永智，2018）。

一般来说流动性约束的产生主要归因于以下几个方面：政府利率管制和银行垄断；信贷机构的定价能力不足，难以对风险程度差异的信贷进行准确定价；道德风险与逆选择等信息不对称；信用体系不完善，部分消费者缺乏可抵押的资产等。

存在流动性约束的情况下，即使不存在不确定性，消费者的二次型效用函数同样可以产生预防性储蓄。当消费者面临流动性约束时，效用函数会表现出在流动性约束起作用的财富水平上谨慎被增强的结果。这主要是因为受约束的消费者由于不能把冲击跨期熨平而表现出的冲击适应性较差的现象。从而，风险对受约束的消费者预期的影响要明显大于不受约束的消费者的预期，因此，消费者会为了避免上述情况的出现而增加预防性储蓄。

流动性约束对消费储蓄行为的影响表现在当期流动性和预期的流动性两个方面（Deaton，1991）。一方面，如果消费者当期受到流动性约束，则不得不首先降低本期消费。即使消费者预期未来收入会增加，但由于流动性约束的存在，消费者无法通过借贷来平滑当期消费。另一方面，如果消费者预计未来可能出现的流动性约束，则必须增加当期储蓄以应对未来的资金需求，从而导致当期消费大降低。

第3章

复杂不确定性下的家庭生命周期消费储蓄决策

20世纪30年代中期以来，国内外大量学者都试图通过宏观经济实证研究和微观决策规范分析来对各个国家或地区的家庭居民消费与储蓄的规律进行合理解释，进而为国民经济或区域经济的发展（John and Kyeong-won，2007）、社会福利的改善（Hubbard and Kenneth，1987）、家庭风险管理的完善（Christopher，Karen and Spencer，2003；Leland，1968；Louis，Rachel and Larry，2012）、家庭金融的创新（李心丹等，2011）等提供现实依据和理论支撑。因此，研究家庭消费与储蓄决策具有重要意义。然而，典型的家庭消费跨期决策模型的最优化问题在选择简单效用函数形式的情况下求出解析解较容易，随着财富积累动机、消费习惯、偏好改变、不确定性等因素被不断引入决策模型，解析解的求解难度增加甚至无法实现。从而，近20年来，该领域计算不确定性下的最优消费行为主要依赖于数值模拟技术（郭香俊、杭斌，2009；刘彦文、樊雲，2016；刘彦文、辛星星，2017；凌爱凡、吕江林，2011）。同时，多数数值模拟求解的相关研究，一般多假设决策主体能够对全局决策信息完全掌握并且模型多不具备生命周期特征，这与现实决策行为存在差异。因此，如何在尽可能保证决策系统中决策主体的决策环境、行为特征、决策机制具有现实性的同时，成功求解最优化问题,既是该研究领域亟待解决的问题,也为拓展该研究领域的深度与广度提供了一种新工具。

目前,随着人工智能技术的发展,处理复杂最优化问题的算法不断被研究者开发出来,包括基于遗传算法的 BP 神经网络优化算法、TSP 算法、多目标优化算法,基于粒子群算法的多目标搜索算法、TSP 搜索算法、动态环境寻优算法,基于鱼群算法的函数寻优算法,基于蚁群算法的二维路径规划算法、三维路径规划算法,等等。其中,蚁群算法(ant colony algorithm, ACA)是一种有效的全局寻优算法,最早由意大利学者多里戈等(Dorigo, Caro and Gambardella, 1999)于 20 世纪 90 年代提出。其算法特征包括:采用正反馈机制,使得搜索过程不断收敛,最终逼近最优解;每个个体通过感知周围环境信息素的变化来调整决策路径;搜索过程采用分布式计算方式,提高算法的计算能力和运行效率;启发式概率搜索方式使该算法避免陷入局部最优,以实现求解全局最优解(Nicolas and Macro, 2002)。基于算法特征的适用性,蚁群算法已被成功运用于交通、通信、化工、电力等领域的组合优化问题,并且学术界和实务界对该算法的不断改进和完善使其除了被成功用于解决二维路径规划问题,也在解决三维路径规划问题中表现出明显的算法优势,如水下机器人三维路径规划问题。本质上,就决策内容而言,家庭生命周期消费跨期不确定性决策问题是一个涉及时间、消费、储蓄的三维规划问题(雷钦礼,2007);就决策形式而言,包含财富积累动机、消费习惯、偏好转变、生命周期特征、不确定性因素的家庭消费与储蓄决策是一个复杂的全局寻优问题(雷钦礼,2009)。因此,基于蚁群算法的三维路径规划算法在解决该问题上具有良好的适用性、可行性和高效性。然而,由于家庭生命周期消费跨期不确定性决策内容与形式的复杂性,该研究领域内已有数值仿真的主流方法无法实现多决策特征与多优化目标并存的模型求解与模拟仿真(Zeldes, 1989;Carroll, 1992)。并且,作为一种解决复杂组合优化问题的智能算法,蚁群优化算法在该领域的运用,尚未查阅到进行相关探索或解决的研究文献。

为此，基于已有相关研究，本章建立了具有常相对风险厌恶、时间偏好、消费习惯、财富积累动机等决策特征的家庭生命周期消费跨期不确定性决策的模型，构建了具有不同生命周期特征的三维信息决策空间，设定了符合家庭现实决策行为的蚁群三维路径规划的寻优法则，最终获得不同生命周期收入特征下具有不同决策特征的家庭消费最优路径。探索出家庭消费最优决策行为模拟研究的新途径，以期为家庭生育决策、家庭遗产动机、家庭金融等相关研究领域提供新的思路和方法。

3.1　家庭消费跨期不确定性决策模型构建

家庭消费跨期不确定性决策，是具有生命周期特征的家庭根据即期收入情况与对未来不确定收入的预期，结合自身风险偏好、时间偏好、消费习惯、财富积累动机等因素，对即期消费和远期消费进行资源配置的最优化问题。雷钦礼（2009）使用综合了家庭的当期消费、消费习惯、财富积累、偏好改变多种作用影响的负指数型效用函数，构建了家庭消费跨期不确定性决策模型。本章在此基础上除了引入当期消费、消费习惯、财富积累、偏好改变的作用，选择具有常相对风险厌恶（constant relative risk aversion，CRRA）特征的幂效用函数，则其最优化问题可以描述为

$$
\begin{aligned}
\max_{c_t, c_{t-1}} &\left\{ u(c_t - \lambda c_{t-1},\ w_t - w_{t-1}) \right. \\
&+ \left. E_t \sum_{\tau=t+1}^{T} \beta \delta^{\tau-t} u(c_\tau - \lambda c_{\tau-1},\ w_\tau - w_{\tau-1}) \right\} \\
= \max_{c_t, c_{t-1}} &\left\{ \frac{\left[(c_t - \lambda c_{t-1}) + \eta(w_t - w_{t-1}) \right]^{1-\rho}}{1-\rho} \right. \\
&+ \left. E_t \sum_{\tau=t+1}^{T} \beta \delta^{\tau-t} \frac{\left[(c_\tau - \lambda c_{\tau-1}) + \eta(w_\tau - w_{\tau-1}) \right]^{1-\rho}}{1-\rho} \right\}
\end{aligned}
\tag{3-1}
$$

$$
\text{s. t. } w_{t+1} = (1 + \tilde{r}_t)w_t + s_t \tag{3-2}
$$

$$
s_t = \tilde{y}_t - c_t \tag{3-3}
$$

公式（3 - 1）为复杂不确定性下家庭消费跨期优化决策的目标函数，表示家庭的即期效用与跨期效用贴现值的期望之和最大化。c_t 表示 t 时期家庭年消费量，是家庭内生决策变量；w_t 表示 t 时期家庭财富值；$\rho(0 < \rho < 1)$ 表示家庭相对风险厌恶系数，值越大代表家庭风险厌恶程度越高；$\lambda(0 < \lambda < 1)$ 表示家庭消费习惯因子，值越大代表家庭消费习惯学习能力越强；$\eta(0 < \eta < 1)$ 表示家庭财富效用与消费效用的替代率，值越大代表财富积累动机越强；$\beta(0 < \beta)$ 表示时间一致性偏好，$0 < \beta < 1$ 代表家庭消费具有强短期急躁性，$\beta = 1$ 代表家庭消费具有时间一致性，$\beta > 1$ 代表家庭消费具有强忍耐性；$\delta(0 < \delta < 1)$ 表示效用贴现因子，值越大代表家庭贴现期效用价值越高。其中，ρ、λ、η、β、δ 为家庭特征描述变量。公式（3 - 2）、公式（3 - 3）为家庭消费预算约束，其中，$\tilde{r}_t$ 表示财富增值收益率随机时间序列；s_t 表示 t 时期家庭年储蓄量，是家庭内生决策变量引致变量；$\tilde{y}_t$ 表示家庭收入随机时间序列，是外生变量。

3.2　家庭生命周期模型构建

家庭生命周期模型，是以家庭某一代为参考系，对存续期间内的家庭进行阶段划分、类型归纳、特征分析，以建立完整的代际可循环的家庭生命周期。正如本书第 2.2 节所述，由于研究地域和观察角度的不同，已有相关研究的家庭生命周期模型因研究地域和考察重点而异，本章根据中国现代家庭中较为典型的结构特征设定家庭生命周期模型，如图 3 - 1 所示。

其中，家庭在生命周期中各阶段的特征分析，是指对家庭各阶段风险厌恶偏好、时间偏好、消费重点、即期消费欲望和财富积累欲望等在生命周期的阶段更迭上的变化特征进行分析。

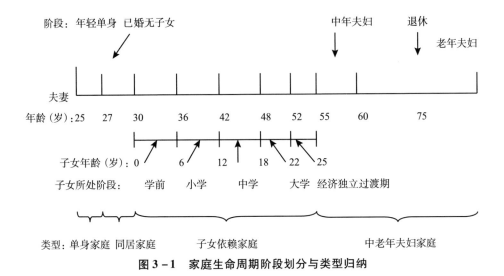

图 3－1　家庭生命周期阶段划分与类型归纳

3.3　基于三维路径规划的家庭生命周期消费跨期不确定性决策 ACA 算法

3.3.1　算法流程

基于三维路径规划 ACA 的家庭生命周期消费不确定性决策算法流程是通过三维路径规划 ACA 算法来表达家庭生命周期消费跨期不确定决策的决策主体、决策环境、决策内容、决策机制以实现全局寻优系统构建的流程设计与安排。该算法流程主要包括决策环境三维空间构建、蚁群搜索策略、信息素更新、循环寻优四个部分（如图 3－2 所示）。

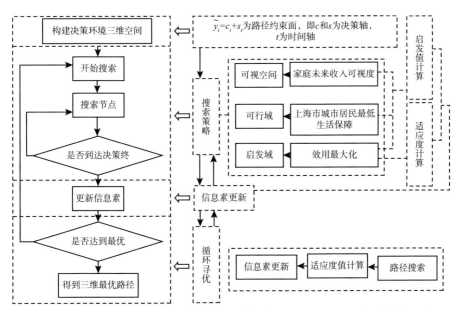

图 3 - 2 基于三维路径规划 ACA 算法的家庭生命周期消费不确定性决策算法流程

3.3.2 家庭决策环境三维空间构建

家庭生命周期消费跨期不确定性决策环境，是指家庭在生命周期各阶段时点上决策时所面对的外生环境，即消费与储蓄约束预算线。因此，家庭决策环境三维空间包括时间维度、消费维度、储蓄维度。以 O_0 为三维坐标系的原点建立三维坐标系，T 为时间轴，S 为储蓄轴，C 为消费轴，某个时点 i 的截面 Π_i 上储存着蚁群根据设定的寻优规则在该时点上进行最优化决策所需的家庭消费与储蓄的约束预算线信息，同时，三维空间被划分为若干个三维离散点，作为蚁群循环寻优的搜索节点（如图 3 - 3 所示）。

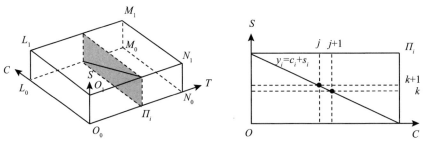

图 3 – 3　家庭决策环境三维空间

3.3.3　蚁群搜索策略

蚁群从当前点移动到下一点时，根据启发函数来计算可视域内各点的选择概率，启发函数表达式为

$$H(i, j, k) = U(i, j, k)^{w_1} \times S(i, j, k)^{w_2} \qquad (3-4)$$

其中，$U(i, j, k)$ 为下一点的消费与财富积累效用；$S(i, j, k)$ 为安全性因素，当选择的点无法到达时（消费低于上海市城市居民最低生活保障点），值为 0；w_1，w_2 为系数，代表上述因素的重要程度。启发函数值原则，要求蚁群始终在可视域内选择可到达的效用最大点，是蚁群概率选择的重要组成部分。

假设家庭在生命周期某个阶段的时点 i 处只能对未来一年的消费与储蓄预算约束线信息可视，则蚂蚁在搜索过程中的可视域为时间轴的一个单位跨度（年），可视域如图 3 – 4 所示。

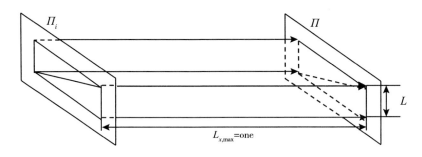

图 3 – 4　家庭决策可视域

蚂蚁在平面 Π_i 的当前点选择下一平面 Π_{i+1} 上的消费与储蓄的组合点的步骤如下：根据决策环境确定平面 Π_{i+1} 内的可行点集合；根据上述启发函数计算到 Π_{i+1} 的可行点集合 $\{(t,\ c,\ s)\mid(i+1,\ j,\ k)\}$ 的启发信息值 $H_{i+1,j,k}$；计算平面 Π_{i+1} 内任意一点 $(i+1,\ j,\ k)$ 的选择概率 $p(i+1,\ j,\ k)$ 如公式（3-4）所示；根据各点的选择概率采用轮盘赌法选择平面 Π_{i+1} 内的点。

$$p(i+1,\ j,\ k)=\begin{cases}\dfrac{\tau_{i+1,j,k}H_{i+1,j,k}}{\sum\tau_{i+1,j,k}H_{i+1,j,k}}, & \text{可行点}\\ 0, & \text{不可行点}\end{cases} \qquad (3-5)$$

其中，$\tau_{i+1,j,k}$ 为平面 Π_{i+1} 上点 $(i+1,\ j,\ k)$ 的信息素值。

3.3.4 信息素更新

蚁群算法使用信息素吸引蚂蚁搜索，每只蚂蚁经过搜索节点会对该点的信息素进行更新，每个节点储存的信息素值代表着对蚂蚁的吸引力。信息素更新包括局部更新和全局更新，局部更新是指蚂蚁经过某个节点时，该节点的信息素降低，这是为了增加蚂蚁搜索未经过点的概率，达到全局搜索的目的。局部信息素更新公式为

$$\Delta\tau_{i,j,k}=(1-\zeta)\tau_{i,j,k} \qquad (3-6)$$

其中，$\tau_{i,j,k}$ 为点 $(i,\ j,\ k)$ 上所带的信息素值；ζ 为信息素的衰减系数。

全局更新是指当蚂蚁完成一条路径的搜索时，以该路径上产生的消费与财富总效用作为评价值，从路径中找出全路径效用最大的路径，并增加该路径的各节点的信息素值，全局信息素更新公式为

$$\tau_{i,j,k}=(1-\rho)\tau_{i,j,k}+\rho\Delta\tau_{i,j,k} \qquad (3-7)$$

$$\Delta\tau_{i,j,k}=K\times\max[U(n)] \qquad (3-8)$$

其中，ρ 为信息素更新系数；K 是全局信息素更新系数；$\max[U(n)]$ 代表第 n 只蚂蚁经过路径的总效用，可通过最佳适应度值计算。

3.3.5　循环寻优

为了实现局部寻优基础上的全局寻优，循环寻优的系统控制指令是将蚁群中不同蚂蚁的完整路径的适应度值进行比较，增加较优路径的信息素值，通过循环更新，最终获得全局最优路径。

3.4　模　拟　仿　真

本章以上海市家庭为例，进行家庭完整生命周期消费跨期不确定性决策的仿真模拟，获得不确定性收入不同分布下具有不同决策特征的家庭的最优消费路径，以进行仿真结果的比较分析。

3.4.1　仿真参数设定

3.4.1.1　不确定性收入分布设定

已有的相关研究多假设收入服从随机游走（Jakob and Michael，2000；杨凌、陈学彬，2006），这是基于求解可行性的考虑。本章假设家庭收入增长率的波动除了由区域经济增长和通货膨胀因素决定，还受到家庭成员职业周期的影响。因此，家庭不确定性收入被设定为

$$y_{t+1} = \tilde{g}(t)y_t + \varepsilon_{t+1} \tag{3-9}$$

$$\tilde{g}(t) = \alpha\tilde{s}(t) + \beta w(t) \tag{3-10}$$

其中，ε_{t+1} 为白噪声信息，服从正态分布 $N(0, \sigma^2)$；$\tilde{g}(t)$ 为家庭收入趋势项系数，由上海社会平均工资增长率随机项 $\tilde{s}(t)$ 和家庭成员职业周期因子 $w(t)$ 的加权值构成；$\tilde{s}(t)$ 是根据 1994～2017 年上海市社会平均工

资增长率历史分布特征经过正态分布随机生成的随机项，包含了区域经济增长信息和通货膨胀信息；$w(t)$ 为家庭成员职业周期因子，是根据不同的家庭成员职业周期特征而进行设定的调整变量；α 和 β 为权重系数。

3.4.1.2 最低消费边界参数设定

最低消费边界是指在任何收入情况下家庭不得低于的消费阈值，受家庭所在地区的生活成本、家庭生命周期阶段等因素的影响。因此，本章根据 1994 ～ 2017 年上海市人均社保下限增长率历史分布规律以及家庭生命周期阶段来设定家庭最低消费阈值。

3.4.1.3 生命周期特征参数设定

生命周期特征参数包括消费习惯因子 λ、主观贴现因子 d。在已有的相关研究中，参数多被假设为常数，即不具备生命周期特征。在本章中，家庭生命周期参数是描述家庭生命周期特征的重要参数而非常数。

3.4.2 仿真方案

通过调整家庭成员职业周期特征参数，设定三种具有不同生命周期收入特征的家庭，即收入成长型家庭、收入平稳型家庭、收入波动型家庭，并针对具有不同决策特征的家庭主体进行生命周期消费跨期不确定性决策模拟，即风险厌恶程度高且财富积累欲望强（ac）、风险厌恶程度高且财富积累欲望低（ad）、风险厌恶程度低且财富积累欲望强（bc）、风险厌恶程度低且财富积累欲望低（bd）的四类决策特征家庭主体（如表 3 - 1 所示）。因此，共对 12（3×4）组家庭分别进行基于三维路径规划蚁群算法的家庭生命周期消费跨期不确定性决策的模拟仿真。

表 3 – 1   仿真方案

家庭类型	收入成长型家庭				收入稳定型家庭				收入波动型家庭			
ρ	0.99(a)		0.55(b)		0.99(a)		0.55(b)		0.99(a)		0.55(b)	
η	0.05 (c)	0.01 (d)	0.05 (c)	0.01 (d)	0.05 (c)	0.01 (d)	0.05 (c)	0.01 (d)	0.05 (c)	0.01 (d)	0.05 (c)	0.01 (d)

表 3 – 1 中，关于相对风险厌恶系数测算的实证结果在学术界内尚存在分歧（"相对谨慎系数之谜"）（Bellon and Manzano，2001），但在该领域仿真模拟研究的参数估计中，相对风险厌恶系数多被设定为 0.99（Rex and Wagner，2006）和 0.5（刘艳彬，2006），出于比较分析的目的，本章设定相对风险厌恶系数为 0.99 和 0.55 两类。

关于财富积累与消费的效用替代系数的实证研究，多集中在其对家庭消费的影响解释力上，但凌爱凡（2011）通过仿真模拟研究了财富偏好程度的连续变化对消费者消费与储蓄决策的影响，本章选择其参数估计范围中的两个节点作为比较分析的对象，即 0.05 和 0.01。

3.4.3 仿真结果

根据家庭生命周期收入特征的设定，生成三类不同的家庭生命周期收入三维地图的决策环境（收入成长型、收入稳定型、收入波动型），通过具有四种不同决策主体特征（ac，ad，bc，bd）的蚁群进行三维路径规划全局循环寻优，本章共得到 12 个最优决策路径。为了更直观地体现各类决策环境下不同特征家庭生命周期过程中的消费储蓄决策，图 3 – 5 至图 3 – 10 以二维图进行了展示。

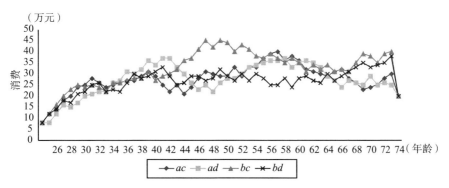

图 3 - 5 收入成长型家庭四类决策特征下最优消费路径的消费量

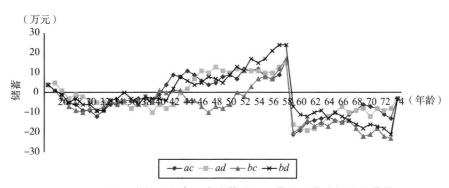

图 3 - 6 收入成长型家庭四类决策特征下最优消费路径的储蓄量

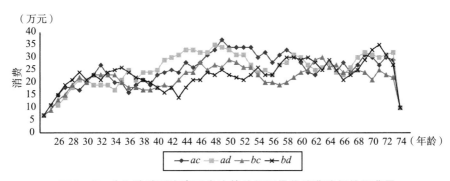

图 3 - 7 收入波动型家庭四类决策特征下最优消费路径的消费量

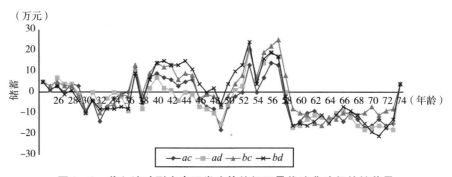

图 3 – 8 收入波动型家庭四类决策特征下最优消费路径的储蓄量

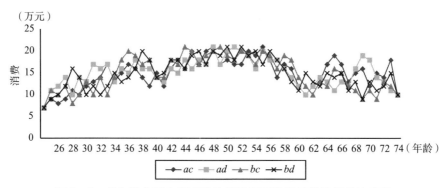

图 3 – 9 收入稳定型家庭四类决策特征下最优消费路径的消费量

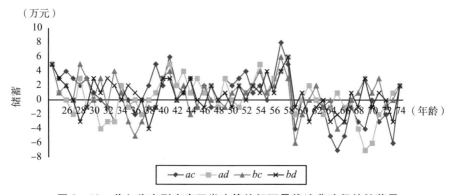

图 3 – 10 收入稳定型家庭四类决策特征下最优消费路径的储蓄量

从图 3 - 5 和图 3 - 6 中可知，在收入成长型家庭中，伴随着收入稳定增长的过程，ac 类家庭（相对风险厌恶度高且财富积累欲望强）在 39 ~ 46 岁（子女年龄在 9 ~ 16 岁）、56 ~ 60 岁（退休前阶段）会强烈抑制家庭消费增加储蓄，ad 类家庭（相对风险厌恶度高且财富积累欲望弱）在该阶段虽然也有类似趋势，但消费明显高于 ac 类家庭。这与家庭生活现实相吻合，家庭会提前为子女升入高中、大学将增加的家庭必要开支及退休生活开支做准备，但由于财富积累欲望的不同，提前抑制消费的程度会产生的差异。

从图 3 - 7 和图 3 - 8 中可知，在收入波动型家庭中，收入产生剧烈波动时，消费波动最大的情况多集中在 bd 类家庭（相对风险厌恶度低且财富积累欲望弱），消费波动最小的情况多集中在 ad 类家庭（相对风险厌恶度高且财富积累欲望弱）。同样是 d 类家庭，相对风险厌恶度高的家庭会尽可能平滑储蓄，以应对可能出现的收入波动对消费的冲击，因此其储蓄波动也相对较小。

从图 3 - 9 和图 3 - 10 中可知，在收入稳定型家庭中，由于全生命周期收入较稳定，各类决策特征家庭在生命周期相邻阶段的消费变动差异都没有收入成长型家庭和收入波动型家庭大，但 ad 类家庭（相对风险厌恶度高且财富积累欲望弱）在生命周期的某些阶段出现当期负储蓄的情况要多于其他决策特征家庭，而 bc 类家庭（相对风险厌恶度低且财富积累欲望强）则少于其他决策特征家庭。这与家庭生活现实相吻合，在收入稳定的情况下，前者由于容忍消费波动的程度低且不重视财富积累，以致其在家庭收入相对较低的生命周期阶段没有抑制自身消费，进而在该阶段产生家庭消费支出挤占家庭财富的现象；后者重视财富积累，并且容忍消费波动的程度高，因此在必要的情况下会尽可能调整消费来保证储蓄。

3.4.4 最优消费路径特征分析

为了更具体地比较具有不同决策特征的家庭在各种收入情形下的最优消费和储蓄行为，计算得出仿真模拟最优消费路径特征及分析如表 3 - 2 所示。

表3-2

最优消费路径特征

收入特征 决策特征	收入成长型家庭				收入稳定型家庭				收入波动型家庭			
	ac	ad	bc	bd	ac	ad	bc	bd	ac	ad	bc	bd
消费均值（万元）	27.921	28.490	27.254	28.862	14.294	15.568	15.098	15.235	20.882	25.803	22.156	22.960
消费标准差（万元）	6.701	7.262	6.764	7.502	3.500	3.695	3.722	3.766	4.902	6.020	7.393	7.626
标准差/均值	0.240	0.255	0.248	0.260	0.245	0.237	0.246	0.247	0.235	0.233	0.334	0.332
负储蓄 VaR[a]	17.65%	13.73%	11.76%	19.41%	1.96%	3.92%	0.00%	0.00%	35.29%	35.29%	39.21%	19.61%

注：a. 负储蓄 VaR（value at risk），表示负储蓄占消费均值比例超过一定比例（0.4）的频率，是一种基于在险价值的衡量。

3.4.4.1 生命周期平均消费水平

由仿真结果可知，同一收入特征下，财富积累欲望低的家庭平均消费水平总体上要高于财富积累欲望高的家庭，收入成长型、稳定型、波动型家庭中 ad 类的消费均值比 ac 类分别高 2.0%、8.9%、23.5%，bd 类的消费均值比 bc 类分别高 5.9%、0.9%，3.6%。这说明，无论家庭收入特征如何，财富积累欲望强的家庭，会在生命周期各个阶段重视储蓄和投资收益所带来的财富积累效用，因而消费在一定程度上会受到抑制。

3.4.4.2 生命周期消费波动程度

考虑到不同收入特征下家庭消费基数的差异，以生命周期消费标准差去基数化处理的比值作为衡量消费波动程度的指标。由表 3 – 2 可知，收入成长型、稳定型、波动型家庭中，ad 类的消费波动程度比 bd 类分别小 1.9%、4.1%、29.8%；ac 类的消费波动程度比 bc 类分别小 0.9%、0.4%、29.6%。这说明，无论家庭收入特征如何，风险厌恶度高的家庭，会尽量采取降低消费不确定性的行动。尤其是当收入波动风险较大时，风险厌恶度高的家庭即使发生收入陡增或骤降，家庭消费仍然保持在可容忍的波动范围之内，相较风险厌恶度低的家庭这一特征体现得尤为明显。

3.4.4.3 负储蓄风险

考虑到消费基数的差异，以生命周期负储蓄绝对值占消费均值超过 40% 的在险价值为衡量家庭负储蓄风险的指标。由表 3 – 2 可知，具有相同决策特征时，收入波动型家庭的负储蓄风险均高于收入成长型家庭和收入稳定型家庭。例如，ac 类收入波动型家庭负储蓄风险分别是收入成长型和收入稳定型的 2 倍和 17 倍。这说明，当家庭生命周期收入波动较大时，家庭在最低消费的约束下，当期消费超过当期收入的可能性增加，发生负储蓄风险的可能性也会增加。

3.5 本章结论

本章尝试性地将三维路径规划的蚁群算法（ACA）引入到家庭生命周期消费跨期不确定性决策中，通过算法编程实现将蚁群赋予相对风险厌恶、消费习惯、财富积累欲望、时间偏好、生命周期等决策特征，并在构建的三维空间决策环境中，根据设定的寻优规则实现全局循环寻优。最终，获得三类生命周期收入特征下具有四种不同决策特征的家庭生命周期消费最优路径。

在收入成长型家庭中，相对风险厌恶度高的家庭在子女 9~16 岁和退休前这两个阶段会抑制家庭消费增加储蓄，为子女教育和养老做准备。同时财富积累欲望强的家庭在该阶段的消费明显低于财富积累欲望弱的家庭。在收入波动型家庭中，相对风险厌恶度高的家庭会为了应对可能出现的收入波动而尽量平滑储蓄，因此，收入产生剧烈波动时，家庭消费波动相对较小。而相对风险厌恶度低且财富积累欲望弱的家庭在同样的情况下消费波动最大。收入稳定型家庭中，相对风险厌恶度低且财富积累欲望强的家庭，在出现意外支出等特殊情况下会调整消费来保证储蓄，而相对风险厌恶度高且财富积累欲望弱的家庭由于容忍消费波动的程度低且不重视财富积累，在家庭必要支出高的生命周期阶段会产生家庭消费支出挤占家庭财富的现象。

无论家庭收入特征如何，财富积累欲望强的家庭，会在生命周期各个阶段重视储蓄和投资收益所带来的财富积累的效用，导致消费在一定程度上会受到抑制。风险厌恶度高的家庭，会尽量采取降低消费不确定性的行动，即使发生收入陡增或骤降，家庭消费仍然保持在可容忍的波动范围之内。收入波动较大的家庭，在最低消费的约束下，发生负储蓄风险的可能性会增加。

　　本章研究表明，基于三维路径规划蚁群算法的家庭生命周期消费跨期不确定性决策模拟仿真能够很好地描述家庭消费决策的生活现实。作为一种全局寻优的智能算法，三维路径规划蚁群算法还可以模拟实现中更多的家庭决策问题，例如，家庭遗产动机、家庭金融决策等，但动态环境下的多特征多目标决策全局寻优的蚁群算法的实现仍有待进一步研究。

第 4 章
保险对家庭生命周期消费
储蓄决策的影响

　　消费者通过选择他们的消费计划以获得最大效用是微观经济学的首要原则。消费储蓄理论的最初发展建立在确定性条件下，随后不确定性条件被引入模型中，首先是预期寿命不确定性（Yarri，1965）和收入不确定性，并产生了预防性储蓄理论（Miller，1976；Zeldes，1989）和缓冲存货储蓄理论（Deaton，1991；Carroll，1992）。随后的文献分别在模型中加入劳动收入的灵活性（Bodies，1992）、利率和投资收益风险（Guiso and Jappelli，2000）等，但较少考虑家庭面临的意外支出不确定性及其保费支出。另一条研究路线是由亚里（Yarri，1965）开启的人寿保险需求研究。这些研究主要关注生命不确定性给家庭保险决策带来的影响，包括：坎贝尔（Campell，1980），普利斯卡（Pliska，2006），张卫国、肖炜麟、张惜丽（2010），景珮、李秀芳（2013），柯伊延等（Koijen，Nieuwerburgh and Yogo，2016），汉贝尔等（Hambel et al.，2017），等等。但此类研究中都将保险价格假设为纯保险费率，而现实中保险价格均包含了附加费率，并且附加费率通常可达到纯保险费率的 10% ~ 40%。根据经典的期望效用理论对保险购买决策的研究结论，在给定投保人保险偏好的前提下，附加费率是影响投保人做出是否购买保险决策的关键因素。另外，随着行为金融学对消费者的消费行为和储蓄动机研究的不断深入，消费惯性、偏好转变行为等更为复杂的家庭决策特征被引入家庭消费决策研究中。因此有必要在更加真实的家庭决策特征和决策环境下，以家庭全生命周期为视角，研究家庭保费支出对家庭消费的影响。

为此，本章建立了家庭跨期消费决策模型，通过引入收入不确定性、意外支出不确定性、生命周期特征、消费惯性、偏好变化及时间不一致性、附加保险费率等因素，构造了更加贴近现实的决策环境。这些因素的引入导致在具有常相对风险厌恶倾向的幂函数型效用函数下难以求得解析解。本章采用人工智能技术中的三维路径规划蚁群算法对模型进行了仿真模拟求解，并在此基础上研究了保费支出对家庭消费的影响。

4.1 完全保险下家庭生命周期跨期消费 储蓄决策模型的构建

保险是风险管理最有效的工具之一。现有保险市场能够为家庭提供各类保险产品转移家庭风险。当家庭外部环境面临复杂不确定性时，家庭可以将保险决策纳入生命周期跨期消费储蓄决策之中，做出整体的最优决策。这也是家庭财富与风险整合管理思想的体现。本章在第 3 章复杂不确定性下建立传统的消费决策理论模型的基础，建立完全保险下的家庭跨期消费决策模型，并研究保费支出对家庭消费储蓄决策的影响。

4.1.1 模型假设

（1）作为决策主体的家庭是经济人，即其在生命周期各阶段的决策时点上都追求生命周期总效用（即各期消费效用现值之和）的最大化。

（2）家庭具有相对风险厌恶倾向、偏好转变及时间不一致性、消费惯性，但不具备遗产动机。

（3）家庭消费决策面临的不确定性环境包括人身意外支出、财产意外支出、责任意外支出。

（4）保险公司可以为家庭全部意外风险提供足额的保险保障（不设免赔额和免赔率）。

（5）家庭即期决策的未来信息可视窗口为一年，即家庭对决策点的未来一年收入波动和意外支出可视，未来一年以上的信息为不可视信息，其期望值是即期决策信息。

（6）家庭生命周期的任何阶段的消费都不能够低于该阶段的最低消费。

（7）家庭不存在流动性约束。

4.1.2 家庭决策特征

为了能够更真实地反映完全保险下的家庭生命周期跨期消费决策特征，本章在传统的消费决策理论模型中采用常相对风险厌恶系数，并引入消费惯性、偏好转变及时间不一致性特征。

在消费决策理论的相关研究中，广泛运用的消费效用函数有四种，分别为凹二次型效用函数、负指数型效用函数、幂函数型效用函数以及双曲线型效用函数。幂函数型效用函数的绝对风险厌恶程度随着财富的增加而递减，相对风险厌恶系数是常数，能够较好地反映一般家庭风险态度特征。因此，本章选择具有常相对风险厌恶系数（CRRA）的幂函数效用函数作为家庭消费效用函数：

$$u(c_t) = \frac{c_t^{1-\rho}}{1-\rho} \tag{4-1}$$

其中，c_t 为家庭第 t 期消费；$\rho(0 < \rho < 1)$ 为家庭的常相对风险厌恶系数，家庭风险厌恶不受财富变化的影响，ρ 值越大表示家庭相对风险厌恶程度越强。

由于居民消费和储蓄行为还受到消费惯性的影响（Carroll，2000），即家庭消费在时间维度上体现出一定程度的惯性。因此，为了体现家庭消费的惯性，本章将当期消费相对于上一期消费一定比例的超额消费作为当期消费水平 c_t^*，家庭消费效用来自即期消费水平。

$$c_t^* = c_t - \lambda c_{t-1} \qquad\qquad (4-2)$$

$$u(c_t^*) = u(c_t - \lambda c_{t-1}) = \frac{(c_t - \lambda c_{t-1})^{1-\rho}}{1-\rho} \qquad\qquad (4-3)$$

其中，$\lambda(0 < \lambda < 1)$ 为家庭消费惯性强度系数，家庭消费惯性越强则 λ 值越大，$\lambda = 0$ 表示家庭不具有消费惯性。

为了保证消费者偏好的时间一致性，传统的消费者跨期决策多使用指数函数贴现形式。然而，大量的实证研究和心理学研究已经证明了消费者偏好转变的存在。家庭未来各期的期望效用的贴现因子不为常数，短期的贴现率会大于长期的贴现率，因此，选择双曲线型或准双曲线型的贴现形式，作为一种近似，准几何型折现函数形式同样可以表达家庭消费和财富积累的偏好转变及时间不一致性（Laibson，1997）。

$$d(\tau) = \begin{cases} 1, & \tau = t \\ \beta\delta^{\tau-t}, & \tau = t \end{cases} \qquad\qquad (4-4)$$

其中，$\beta(0 < \beta)$ 和 $\delta(0 < \delta < 1)$ 是家庭消费效用贴现参数。$\beta = 1$ 表示家庭生命周期消费无偏好转变，具有时间一致性，$\beta \neq 1$ 表示家庭生命周期消费在不同的生命周期阶段会发生偏好转变，不具有时间一致性，具体地，$0 < \beta < 1$ 表示家庭在短期消费上具有弱忍耐性，$\beta > 1$ 表示家庭在短期消费上具有强忍耐性；家庭对生命周期某个阶段的消费越重视，则 δ 值越大。

新古典经济学模型一般都假设消费效用最大化是消费者的目标，消费者增加财富是为了增加未来消费效用，效用最大化目标隐含了财富最大化的目标。科布（Kurb，1968）首次将财富积累动机引入效用函数，邹（Zou，1994）证明了财富积累动机引入消费效用函数中具有必要性。因此本章将财富积累动机作为家庭决策特征之一。家庭财富积累动机是指家庭财富增值所产生的效用与家庭消费效用之间并不存在简单的可加性，二者存在一定的效用边际替代性。以边际替代形式将财富增值项引入消费效用函数表示如下：

$$w_t^* = w_t - w_{t-1} \tag{4-5}$$

$$u(c_t^*, w_t^*) = u\left[(c_t - \lambda c_{t-1}) + \eta(w_t - w_{t-1}) \right]$$

$$= \frac{\left[(c_t - \lambda c_{t-1}) + \eta(w_t - w_{t-1}) \right]^{1-\rho}}{1-\rho} \tag{4-6}$$

其中，η 为家庭消费与家庭财富增值的边际效用替代率，即家庭财富增值 1 个单位相当于家庭消费的单位数。

4.1.3 家庭决策环境

现有研究大多将家庭收入看作一般随机游走过程，而事实上家庭成员的生命周期收入变化具有趋势性，既受到家庭所在地的区域经济的发展趋势影响，也取决于家庭成员所在行业的职业特征，即同一行业但处于不同地区的家庭收入增长趋势不同，同一地区不同行业的家庭收入增长趋势和波动也不同。因此，家庭生命周期收入时间序列服从随机游走过程中的趋势项中需要包含区域经济增长信息和家庭职业周期信息。本章建立的家庭生命周期收入时间序列随机游走过程如公式（4-7）所示，设定的收入增长趋势项如公式（4-8）所示。

$$y_{t+1} = \tilde{g}(t)y_t + \varepsilon_{t+1} \tag{4-7}$$

$$\tilde{g}(t) = \alpha\tilde{s}(t) + \gamma w(t) \tag{4-8}$$

公式（4-7）中，ε_{t+1} 是白噪声，服从 $N(0, \sigma^2)$，且 $\sigma^2 = Et(\varepsilon_{t+1}^2)$，为家庭收入随机游走过程的趋势项。公式（4-8）中，$\tilde{s}(t)$ 为家庭所在地的区域经济增长趋势因子，是根据 1994～2020 年上海市社会平均工资增长率历史分布特征经过正态分布随机生成的随机项，包含了区域经济增长信息和通货膨胀信息；$w(t)$ 为家庭职业周期收入增长趋势因子，是根据不同的家庭成员职业周期特征而进行设定的调整变量；α 和 γ 为家庭收入加权趋势项权重系数。

　　家庭生活会面临各种风险，风险事件一旦发生必然会给家庭造成损失，为了维持正常生活，家庭需要额外支出来弥补风险事件带来的损失，本章将此类损失称为意外支出。意外支出是指除给家庭带来消费效用的消费支出以外的不确定性支出，是纯粹风险的一种自我补偿成本。根据家庭纯粹风险的类型，意外支出包括人身意外支出、财产意外支出、责任意外支出。例如，疾病、人身意外伤害事故等产生的支出为人身意外支出，财产意外毁坏或灭失等产生的损失为财产意外支出，由家庭成员引发的法律责任事故导致依法赔偿他人经济损失等产生的支出为责任意外支出。本章选择能够很好地描述人们不确定性主观感知的三角分布来估计家庭生命周期各阶段的意外支出。为了避免参数主观估计中可能出现的设想能力差异引起的有效性偏倚，对意外支出项分为三项分别进行三角分布估计。

$$\tilde{e}_t = \tilde{e}_{1t} + \tilde{e}_{2t} + \tilde{e}_{3t} \tag{4-9}$$

其中，$\tilde{e}_t$ 为总意外支出项；$\tilde{e}_{1t}$ 为人身意外支出项，服从三角分布 $T(a_1, b_1, c_1)$；$\tilde{e}_{2t}$ 为财产意外支出项，服从三角分布 $T(a_2, b_2, c_2)$；$\tilde{e}_{3t}$ 为责任意外支出项，服从三角分布 $T(a_3, b_3, c_3)$。

　　为了避免出现意外支出时给家庭消费带来巨大的冲击，家庭可以通过购买保险来缓解意外支出的影响。假设保险公司可以对家庭意外支出风险提供完全保险，则该保险的保费为纯保费加附加保费，纯保费为家庭总意外支出的期望，附加保费为纯保费的一定比例，即

$$I_t = (1 + \alpha)E(\tilde{e}_t) \tag{4-10}$$

其中，I_t 为保费支出；$E(\tilde{e}_t)$ 为纯保费；α 为附加费率（即附加保费与纯保费的比例），且 $\alpha \geq 0$。

4.1.4　模型的构建

　　在具有常相对风险厌恶系数的幂函数型效用函数下，综合考虑消费惯

性、偏好转变及时间不一致性、财富积累动机、家庭复杂不确定性支出以及保费支出等因素，完全保险下家庭生命周期跨期消费决策模型可以被描述为：

$$\max_{c_t} \left\{ u(c_t - \lambda c_{t-1}, \ w_t - w_{t-1}) \right.$$

$$+ \sum_{\tau=t+1}^{T} \beta \delta^{\tau-t} E \left[u(c_\tau - \lambda c_{\tau-1}, \ w_\tau - w_{\tau-1}) \right] \Big\}$$

$$= \max_{c_t} \left\{ \frac{\left[(c_t - \lambda c_{t-1}) + \eta(w_t - w_{t-1}) \right]^{1-\rho}}{1-\rho} \right.$$

$$+ \sum_{\tau=t+1}^{T} \beta \delta^{\tau-t} E \frac{\left[(c_\tau - \lambda c_{\tau-1}) + \eta(w_\tau - w_{\tau-1}) \right]^{1-\rho}}{1-\rho} \Big\} \qquad (4-11)$$

$$\text{s. t. } w_{t+1} = \left[1 + \tilde{r}(t) \right] w_t + y_t - c_t - I_t \qquad (4-12)$$

$$c_t \geqslant \text{basic}(c_t) \qquad (4-13)$$

公式（4-11）为完全保险下家庭生命周期跨期消费决策的目标函数，表示家庭决策目标是生命周期总效用的最大化，即未来跨期期望效用贴现值与当期效用之和最大。公式（4-12）为家庭消费预算约束，其中，$\tilde{r}(t)$ 为财富增值名义收益率随机项。公式（4-13）为家庭第 t 期的最低消费约束。basic(c_t) 为家庭第 t 期最低消费边界。

4.2 完全保险下家庭生命周期跨期
消费决策模型的仿真模拟

长谷（Nagatani，1972）最早采用模拟计算方法来研究预防性储蓄动机。此后有扎得斯（Zeldes，1989b）、迪顿（Deaton，1991）、卡罗（Caroll，1993）、阿塔纳西奥（Attansio，1995）。近 20 年来，该领域计算不确定性下的最优消费行为主要依赖于数值模拟技术。同时，多数数值模拟求解的相关研究，一般多假设决策主体能够对全局决策信息完全掌握并且模型多不具备生命周期特征，这与现实决策行为存在差异（赵蕾、高建立，2020）。本章构建的家庭生命周期跨期消费决策模型可以视为一个有约束条件的复杂优化问题，常用的求解复杂优化问题的人工智能算法包括遗传算法、BP 神经网络、粒子群算法和蚁群算法等。家庭生命周期视角下，在未来收入不确定以及存在意外支出情形下，在约束条件中引入保费支出构建的家庭跨期消费决策模型的决策环境是一个三维决策空间，由家庭生命周期各阶段的储蓄约束预算线、消费约束预算线和时间维度组成。因此，本章继续采用第 3 章的三维路径规划蚁群算法求解家庭生命周期跨期消费决策模型。家庭生命周期假设与第 3 章保持一致。

4.2.1 仿真参数设定

为了体现家庭生命周期特征，根据前文完全保险下家庭生命周期跨期消费决策模型的构建，本章设定家庭常相对风险厌恶系数 ρ、消费惯性因子 λ、效用主观贴现率 δ、时间不一致性因子 β 在不同生命周期阶段具有不同的取值（如图 4 – 1 所示）。采用 1994 ~ 2020 年上海市家庭工资收入和居民消费等相关数据提取仿真数据特征模拟家庭收入不确定性。家庭最低消费边界根据 1994 ~ 2020 年上海市人均社保下限增长率历史分布规律以及家庭生命周期阶段设定。家庭通常会根据自身对意外支出风险的主观感知作出决策，因此，本章采用三角分布模拟家庭意外支出，T(a，b，c) 分别代表意外支出的三角分布主观感知均值参数系数、主观感知最大值参数系数、主观感知最小值参数系数。各系数与理性预期的生命周期收入期望值的乘积即为意外支出三角分布的均值参数、最大值参数、最小值参数。根据经验，假定人身意外支三角分布主观感知参数系数为 T(0.001，0.50，0.005)，财产意外支出三角分布主观感知参数系数为 T(0.003，0.20，0.007)，责任意外支出三角分布主观感知参数系数为 T(0.000，0.15，0.001)。

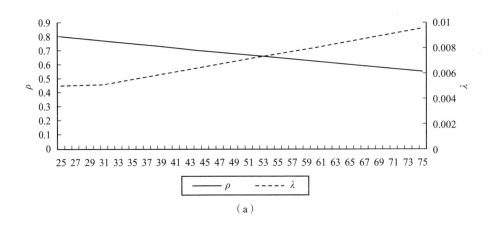

（a）

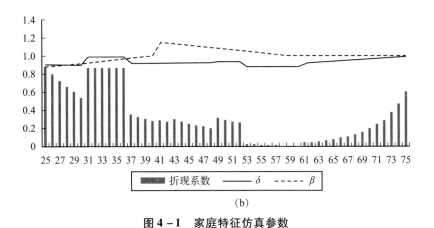

（b）

图 4 - 1　家庭特征仿真参数

4.2.2　仿真模拟结果

在上述仿真参数的基础上，本章对不购买保险、购买保险且保费支出
为纯保费、购买保险且保费支出包含不同附加保费的多种情形分别进行了
仿真模拟求解。通过三维路径规划蚁群优化算法求解得到的不购买保险、
购买保险且保费支出为纯保费、购买保险且附加费率为 40% 三种情况下的
家庭跨期消费路径的仿真结果分别如图 4 - 2 至图 4 - 4 所示。不同附加保

险费率情况下家庭生命周期跨期消费特征值如表 4 – 1 所示。

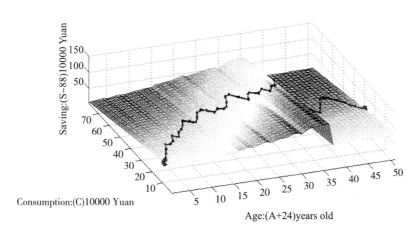

图 4 – 2 无保险时的最优消费路径

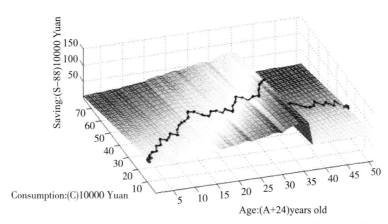

图 4 – 3 购买保险且保费支出为纯保费（$\alpha = 0$）时的最优消费路径

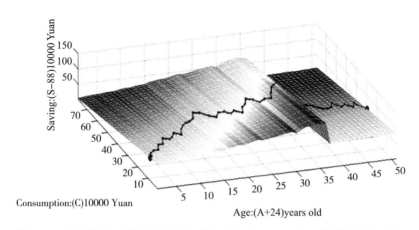

图4-4 购买保险且保费支出包含附加保费（$\alpha = 1.4$）时的最优消费路径

表4-1 不同附加保险费率情况下家庭生命周期跨期消费特征值

类型	全生命周期总效用值	保费占全生命周期收入百分比（%）	保费占全生命周期消费百分比（%）	消费增长率均值	消费增长率方差
无保险	431.25	0	0	0.0361	0.0146
$\alpha = 1$	463.16	8.5	20.3	0.0337	0.0127
$\alpha = 1.1$	452.06	9.2	21.5	0.0329	0.0117
$\alpha = 1.2$	447.34	10.2	23.5	0.0324	0.0109
$\alpha = 1.3$	439.43	12.7	25.2	0.0319	0.0102
$\alpha = 1.4$	432.13	14.2	27.5	0.0316	0.0097

4.3 保费支出对家庭消费储蓄决策的影响

从表4-1中可以看出，考虑保费支出后消费增长率的均值和方差比之无保费支出情况均有所下降，购买保险且保费支出为纯保费时消费增长率方差比无保费支出时降低13.01%，购买保险且保费支出包含附加保费（$\alpha = 1.2$）时消费增长率方差比无保费支出时降低25.34%，仿真结果说明采用保险作为风险管理工具可以有效地降低家庭生命周期消费的波动性，购买保险具有平滑家庭生命周期消费的作用。

另外，购买保险且保费支出包含附加保费（$\alpha = 1.2$）时，全生命周期最优保险消费决策下的保费支出占全生命周期收入百分比为 10.2%，这与当前保险规划、理财规划等相关实务界总结并倡导的"家庭保障型保费支出比率（保障型年保费支出/年税后工作收入）一般应为 10%"的建议相一致，说明模拟仿真结果较好地反映了家庭保险消费决策现实，同时也为这一指标的经验建议提供了理论视角的支撑。

如表 4 - 1 所示，当家庭不考虑保险消费，完全以储蓄来应对家庭风险事件带来的意外支出，那么全生命周期总效用值为 431.25，消费增长率均值为 0.0361，消费增长率方差为 0.0146。当家庭采用完全保险决策，并且保险产品以纯保费作为售价时，家庭全生命周期总效用为 463.16，与没有保险决策的情况相比，利用总收入的 8.5% 购买纯保费保险产品能够使整个生命周期的总效用提高 7.4%。当保险产品售价包含附加保费并且附加保费为纯保费的 20% 时，家庭全生命周期总效用为 447.34，与没有保险决策情况相比，也可以使整个生命周期总效用提高 3.73%，但比保险售价为纯保费情况下总效用下降 3.4%。

根据标准投保决策理论，在附加保费可以接受的情况下，人们的投保意愿强烈，但随着附加保费增加人们的投保意愿下降。图 4 - 5 中，向右下方倾斜的曲线是考虑保险决策情况下，α 与全生命周期总效用值之间的关系曲线。水平直线代表不考虑保险决策，以储蓄应对风险情况下家庭全生命周期的总效用。可以看出，适当的保费支出能够提高家庭全生命周期的总效用值，但是随着附加保费的增加，家庭全生命周期的总效用值呈下降趋势。在本章建立的模型中，当 $\alpha < 1.4$ 时购买保险可以增加家庭全生命周期的总效用；当 $\alpha = 1.4$ 时，是否购买保险家庭全生命周期的总效用基本相同；当 $\alpha > 1.4$ 时家庭采用保险作为风险管理工具的全生命周期的总效用值将低于不考虑保险决策情况下的全生命周期总效用值，即当市场保险售价中附加保费占纯保费的比例高于40%时，理性家庭的最优化决策是以家庭储蓄进行自保，而不购买保险。此结论与昆鲁斯（Kunreuther，Pauly and McMorrow，2013）提出的"通常30%~40%的附加保费是可以接受的"结论基本一致。对"人们能够接受各类主要保险的附加保费到底有多高呢?"这一理论和实务界关心的问题从家庭生命周期总效用的视角给出了仿真研究结果。

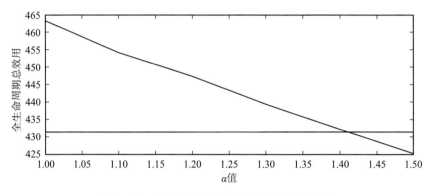

图4-5 α与全生命周期总效用值之间的关系

4.4 本章结论

本章以家庭生命周期为视角，在传统家庭消费决策理论模型的基础上，在未来收入不确定和存在意外支出的情形下，考虑风险厌恶倾向、消费惯性、偏好转变及时间不一致性、财富积累动机等家庭消费行为特征，在更加真实和复杂的决策环境中研究了保费支出及附加保费对家庭消费决策及家庭全生命周期总效用的影响。在仿真模拟过程中使用了具有家庭生命周期特征以及家庭消费行为特征的参数，并采用三维路径规划的蚁群算法求解所建立的家庭跨期消费决策模型，得到了包含保险消费的家庭全生命周期最优消费、储蓄路径。

　　根据仿真结果,当家庭面临意外支出时,在家庭生命周期视角下,保险在家庭跨期消费决策中有着重要作用。风险厌恶的个人采用保险作为风险管理工具可以最大限度将未来财富锁定在独立于风险的状态,有效降低了家庭生命周期消费的波动性,保险起到了平滑消费的作用,同时有效地提高了家庭全生命周期总效用。

　　购买保险且保费支出包含附加保费($\alpha = 1.2$)时,家庭生命周期最优消费决策路径下的保费支出比率为 10.2% 与保险实务界的"双十定律"基本一致,说明模拟仿真结果较好地反映了家庭保险消费决策现实。本章为家庭理性最优化投保决策提供了理论参考,同时也为长期以来被保险销售界普遍使用的"双十定律"中"家庭总保费支出占家庭年收入 10% 为宜"这一建议的科学性提供了理论解释。

　　当保险售价为纯保费时,购买保险可以明显提高家庭全生命周期的总效用,此时理性家庭应该做出购买保险的决策。当保险售价中含有附加保费时,随着附加保费的提高购买保险带来的效用增加将逐渐减少,当附加保费超过纯保费的 40% 时,购买保险将不再提高家庭全生命周期的总效用,理性家庭会选择放弃保险决策转而利用储蓄进行自保。

第 5 章

复杂不确定性下的家庭生命周期资产配置决策

在复杂的经济环境下，家庭作为宏观经济中的重要微观主体，为了达到生命周期内的家庭总效用最大化，需要做出各种各样的决策，包括消费、投资、保险、医疗、教育、养老等，这些决策大致可概括为消费、投资与保险的决策组合。近年来，我国消费市场逐渐扩大、金融市场不断完善，消费种类与投资工具日益丰富，家庭的消费水平日渐升高，同时，越来越多的家庭参与到股票、基金、保险等金融市场中。与此相对的是，家庭也在面临越来越复杂的金融不确定性，例如，未来收入的波动、教育与医疗的持续投入、意外事件的不确定支出、养老负担的日益加重以及金融市场本身的波动风险等。那么，家庭在当前消费与未来消费之间应该怎样选择、家庭各类金融资产的配置是否合理以及生命周期内的家庭总效用如何达到最大化，就是一个亟待研究解决的问题。这个问题涉及家庭生命周期内的复杂的跨期决策。

在家庭金融理论研究层面，因为家庭生命周期的复杂性，目前用于解释家庭的消费与投资决策的理论模型多采用两期或三期假设。而在数值实证研究中，部分学者使用调查统计数据对家庭的消费与投资决策进行了相关研究，由于长期以来，家庭作为微观主体，其消费行为与投资决策隐蔽性强、难以获得详细数据。同时，家庭金融理论模型面对的金融环境也越来越复杂，不确定性因素越来越多，仅通过传统数学方法求解目标函数与约束条件组成的非线性方程组，得到最优消费与投资的解已十分困难。有学者借助于计算机仿真技术以及数学算法的优势进行动态模拟研究。本书第 3 ~ 4 章采用的三维蚁群算法也是一种仿真技术的尝试。

家庭金融数值模拟研究发展到现在仍存在缺陷，决策算法与金融模型发展不平衡。一个完美的数值模拟研究，解释问题的模型与解决问题的算法应该是同等重要的。但是当前家庭金融数值模拟研究一直侧重于金融模型的完善，忽略了对决策算法的研究，一个算法不仅仅是数学问题，在运用过程中还涉及应用领域的专业性问题。在早期家庭金融数值模拟研究中，家庭金融模型较为简单，因此可以直接使用算法的原始形态解决问题；现在，随着家庭金融研究的不断深入，金融环境日趋复杂、不确定性变量越来越多，相应的家庭金融模型也越来越庞大，直接使用算法的原始形态已不能满足实际需求。

所以，本章将对家庭金融模型与对应决策算法进行交叉同步研究。在满足当前家庭金融模型的基础上，研究符合家庭生命周期跨期决策需求的决策算法，并进一步推进家庭生命周期金融不确定性决策的研究。近些年来，随着人工智能技术的发展，处理复杂不确定性下决策组合问题的能力越来越强，各种人工智能算法逐渐应用到各个不同的领域并取得了优良表现。但是，目前还没有专门的人工智能算法在家庭生命周期金融不确定性决策问题上的研究。因此，本章基于已有相关文献，根据家庭生命周期模型的特点，研究人工智能决策算法，并根据本章研究出的人工智能决策算法进行家庭金融数值模拟研究，讨论该人工智能决策算法的有效性和家庭生命周期总效用最大时的消费与投资决策，以期在家庭金融决策研究领域得到更可靠的结论，并为相关研究领域的拓展研究提供新的工具和方法。

5.1 家庭金融决策的相关研究

5.1.1 家庭金融决策理论模型研究

国外关于家庭金融领域的研究较早。根据马科维茨（Markowitz，1952）的资产组合选择理论，家庭理应根据风险差异参与所有投资项目，以组合投资的形式降低风险。默顿（Merton，1971）则将静态模型扩展到消费与投资组合的连续模型。默顿（Merton，1973）、卢卡斯（Lucas，1978）等提出消费资本资产定价模型（CCAPM），该理论假设了一个代理消费者，目标是在无限期内最大化自己的消费效用折现，并使用了随机折现因子来代表代理人对时间的偏好。CCAPM 模型被广泛运用于家庭消费决策的实证研究中，其模型假定在更一般的均衡基础上，含有十分重要的理论价值。之后，行为金融学（Shiller，1981）的相关理论也被运用于投资者的决策行为中。坎贝尔（Campbell，2000）则认为在完全竞争市场中，投资者可以通过确定随机贴现因子来对抗不确定性。

国内在这方面发展较晚，相关研究较少。王弟海、严成樑、龚六堂（2011）构建了一个具有遗传机制的生命周期模型，研究证明了当利率过高时，家庭初始财富的不平等会随着代际持续延续下去。吕晖蓉（2012）通过构建家庭住房消费模型研究表明家庭最优消费决策中，住房必须兼具消费属性与投资属性，而家庭收入的不确定性与金融资产投资收益的不确定性会引起住房消费的变化。李心丹等（2011）、张传勇（2014）分别整理并归纳了国内关于家庭金融方面的研究。

5.1.2　家庭金融决策实证研究

国外研究表明多数家庭的资产组合都以低风险的资产如房产为主（Mc-Carthy，2004）。而家庭财富较富裕的家庭会在风险资产上投入更大比例的家庭财富（Quigley，2006）。但是，美国在 1990 年左右时家庭财富在前10%的家庭持有股票的比例也只有 85%（Guo，2001）。有相当一部分的富裕家庭并未投资股票或持有房产（Guiso，Haliassos and Jappelli，2003）。另外，研究表明，家庭资产选择受多个方面的影响，包括年龄、性别、收入、工作年限、家庭财富、受教育程度和婚姻状况等（Guiso，Luigi and Jappelli，2000；Iwaisako，2003）。

近年来国内对家庭金融方面的实证研究较多，但主要集中在宏观视角，例如，中国居民储蓄率偏高的问题（甘犁、赵乃宝、孙永智，2018；易行健、肖琪，2019），微观视角研究相对较少。何秀红、戴光辉（2007）基于 SCF 数据，使用 TOBIT 模型证明了家庭收入的不确定性会影响对风险资产的需求。同时，家庭资产组合的不同对收入风险和流动性风险的反应也不同。许永兵（2009）根据江苏省 2003 年的抽样调查研究认为，在我国经济转型时期，家庭对外意外支出的不确定性增大是家庭预防性储蓄增大、消费行为变异的主要原因。杨波（2012）使用《中国统计年鉴》1994～2010 年的数据研究认为在利率的影响下，家庭的财富效应比替代效用更明显，当利率上升时，家庭会增加消费比例。陈莹、武志伟和顾鹏（2014）利用江苏某银行的客户资产详细配置资料，使用 Ordered Probit 模型实证研究表明，在家庭生命周期范围内，家庭收入的不确定性会显著影响风险资产的配置比例，两者呈现出非线性关系。

5.1.3　家庭金融决策数值模拟研究

数值模拟是基于算法模型的计算机仿真技术，随着金融模型的复杂度越来越高，时间周期越来越长，基于一阶条件方程求解最优化问题已不能得到解析解，于是计算机随机模拟技术在家庭金融领域的应用逐步增加。相关研究包括通过考察各类偏好，以及各类金融资产收益与风险对家庭投资行为的影响进行了模拟（Guiso，2002；Iwaisako，2009）。陈学彬、傅东升、葛成杰（2006）使用牛顿迭代法对居民个人生命周期内的消费投资行为进行了分析，研究认为居民的时间偏好水平和风险厌恶水平、个人收入不确定性、股票投资风险、货币供应量以及利率调整都会显著影响个人消费决策。杨凌、陈学彬（2006）同样使用动态优化模拟法建立家庭生命周期消费储蓄优化决策模型，研究认为信贷约束和利率水平对家庭生命周期的消费路径有显著影响，同时家庭对子女教育费用的不确定性增加了家庭教育储蓄水平。赵晓英、曾令华（2007）使用递归算法模拟劳动收入不确定性对居民投资组合的影响，研究认为劳动收入增长率及风险是影响居民银行存款上升的主要原因。陈学彬、章妍（2007）使用动态优化模拟法分析了医疗保障制度对家庭生命周期内消费储蓄行为的影响，研究结果表示医疗保障制度能降低未来意外支出不确定性对家庭消费储蓄的影响。黄凌灵、刘志新（2007）使用贝尔曼价值方程迭代法建立动态优化模型研究了居民生命周期住房租赁、购置决策问题，研究表明租赁住房在居民收入较低时的主要选择，房地产价格对居民资产配置以及风险分散能力有较大影响。陈学彬、葛成杰（2008）在引入时间贴现因子计量模型的基础上，动态模拟分析了居民最优消费投资行为，研究结果显示居民在生命周期内各阶段的消费投资决策偏好会由于各阶段时间偏好的差异而与不变时间偏好的决策具有显著不同。李秀芳、王丽珍（2011）使用蒙特卡罗模拟法研究了关于消费、保险、投资的家庭资产配置最优模型，研究结果表明消费与投资的需求主要与消费的跨期替代偏好和家庭财富相关，寿险需求与遗产动机、家庭财富相关，财险需求与家庭财富相关。刘彦文、樊雲（2016）将子女抚养成本和住房贷款引入家庭生命周期消费投资决策模型，使用逆向推导法模拟求解最优决策，并研究了时间偏好与风险偏好对家庭生命周期内消费投资决策的影响。刘彦文、辛星星（2017）分别研究了遗赠动机、年金保险和时变时间贴现因子对家庭生命周期内消费投资决策的影响，使用牛顿迭代法推导最优消费投资决策，研究结果表明年金保险会显著影响家庭生命周期总效用，时变时间贴现因子法更适合家庭生命周期消费投资决策。

5.2 家庭生命周期金融不确定性决策模型构建

5.2.1 模型的假设

5.2.1.1 效用函数假设

本章使用 CRRA 形式的效用函数来分析家庭生命周期内的消费与投资组合决策问题。并做出进一步的假设，家庭在生命周期 T 内仅进行消费和投资两种经济行为，且不考虑代际转移、赡养老人和遗产问题；家庭在生命周期内每个时期 t 内仅可预知未来一年（即 $t+1$ 时期）的信息，并选择消费支出行为。则家庭每个时期 t 内的消费效用函数为

$$U(C_t) = \frac{C_t^{1-\gamma}}{1-\gamma} \qquad (5-1)$$

其中，γ 是相对风险厌恶系数，$\gamma > 0$，γ 值越大，表明消费者对风险的厌恶程度越大。同时，本章假定时间贴现因子（β）来表示家庭对未来消费效用的偏好程度，β 值越大，表示越偏向于未来，根据学者陈学彬（2008）的研究成果，时变时间贴现因子更符合家庭经济行为的一般规律，故本章使用时变时间贴现因子进行计算。

5.2.1.2 家庭生命周期假设

家庭生命周期是指从家庭的诞生到家庭的消亡，本章以夫妻双方组建

家庭开始到双方去世为止，并以男方的退休年龄将家庭生命周期划分为两个阶段。第一阶段为家庭财富积累期（$25 \leqslant T \leqslant 60$），第二阶段为家庭财富消耗期（$61 \leqslant T \leqslant 85$），并引入时间离散模型 $t \in (1, 2, \cdots, t)$，其中，t 为家庭生命周期过程中的每一期，男方年龄为 25 岁时表示第一期，即 $t = 1$ 表示家庭生命周期开始，$t = 36$ 时男方退休，$t = 61$ 时家庭生命周期结束。

5.2.1.3 劳动收入假设

本章假设劳动收入为家庭成员总收入，国内学者刘彦文、樊雲（2016）将家庭收入划分为财富积累期和财富消耗期，家庭劳动收入公式如下：

$$\begin{cases} \ln Y_t = \ln Y_{t-1} + g + \omega_t, & 1 \leqslant t \leqslant 36 \\ Y_t = \xi Y_{36}, & 36 < t \leqslant 61 \end{cases} \qquad (5-2)$$

其中，Y_t 是 t 时期的家庭劳动总收入，g 为劳动总收入的增长率，ω_t 为经济对劳动收入的随机冲击，服从正态分布。退休之后的收入为退休前收入的 ξ 倍，ξ 由我国退休金制度确定。

5.2.1.4 金融资产假设

假设在家庭生命周期内只有两种可交易性的金融资产进行资产配置，一类是无风险资产，收益率为无风险收益率 r_f；另一类是风险资产，收益率为风险收益率 r_{risk}。本章使用银行定期存款利率表示无风险收益率；使用股票收益率表示风险收益率，风险收益率服从正态分布，即 $r_{risk} \sim N(\mu, \sigma^2)$。

5.2.1.5 家庭消费假设

本章假设家庭不存在金融资产借贷，即家庭当期消费不超过可支配资产；且家庭当期消费不得低于维持家庭生存的最低消费水平，一般来说，该消费水平不得低于当期收入的 20%。家庭为实现生命周期内的效用最大化，在生命周期各期内对当期消费和未来消费进行选择。

5.2.1.6 家庭意外支出假设

意外支出是指不会给家庭带来效用的不确定性支出，是一种由于疾病、财物损失、责任赔偿等意外因素带来的经济损失。意外支出作为一种补偿性支出，既不会带来经济收益，也不能包含在消费支出的效用中。

家庭的意外支出根据支出类型分为人身意外支出、财产意外支出和责任意外支出，由于家庭意外支出的相关经验数据无法获得，所以本章假设家庭意外支出分布到家庭生命周期的各期内，意外支出率为当期意外支出占可支配资产的比例，且服从正态分布，$e \sim N(\mu, \sigma^2)$。

5.2.1.7 家庭保险支出假设

保险是应对未来意外支出不确定性的重要金融工具。对于家庭来说，可以通过购买保险，将短期的巨额意外支出平滑地分配到整个生命周期中，以避免短期意外支出对家庭消费的巨大冲击。本章假设外部市场能满足家庭风险所需的各类保险需求，则家庭保险支出与意外支出的关系为

$$I_t = (1 + \varphi) E(e_t), \ (0 \leqslant \varphi < 1) \tag{5-3}$$

其中，I_t 为家庭保险支出，e_t 为家庭意外支出比例，$E(e_t)$ 为家庭意外支出比例的期望值，φ 表示附加保费比例。

一般情况下，保险费用由纯保费和附加保费构成。纯保费是以大数定律为基础计算得到的保险费用，用来覆盖意外支出；附加保费是保险公司经营所需的费用，常用的附加保费计算方法包括比例法、常数法以及混合法等，本章使用比例法。

5.2.2 模型的构建

家庭生命周期内各期的消费与投资组合决策目标是使家庭整个生命周期内的效用最大化，在消费为离散时间的情况下，根据 CRRA 形式的效用

函数可表示为

$$U(A_t) = \max_{A_t} \sum_{t=1}^{61} \beta_t \frac{C_t^{1-\gamma}}{1-\gamma} \qquad (5-4)$$

$$\text{s. t.} \begin{cases} \ln Y_t = \ln Y_{t-1} + g + \omega_t, \ (1 \leqslant t \leqslant 36) \\ Y_t = \xi Y_{36}, \ (36 < t \leqslant 61) \\ W_t = Y_t(1-e_t) + B_{t-1} \\ B_t = W_t(1-\tau_t)[v_t(1+r_{risk,t}) + (1-v_t)(1+r_{f,t})] \\ C_t = W_t \tau_t \\ C_t \geqslant 20\% Y_t \end{cases} \qquad (5-5)$$

或

$$\text{s. t.} \begin{cases} \ln Y_t = \ln Y_{t-1} + g + \omega_t, \ (1 \leqslant t \leqslant 36) \\ Y_t = \xi Y_{36}, \ (36 < t \leqslant 61) \\ W_t = Y_t(1-I_t) + B_{t-1} \\ B_t = W_t(1-\tau_t)[v_t(1+r_{risk,t}) + (1-v_t)(1+r_{f,t})] \\ C_t = W_t \tau_t \\ C_t \geqslant 20\% Y_t \end{cases} \qquad (5-6)$$

公式（5-4）中的 U 表示家庭生命周期内的总效用；A_t 是决策变量集合，$A_t = \{\tau_t, v_t\}$，$1 \leqslant t \leqslant 61$；$\tau_t$ 和 v_t 分别为第 t 期的消费占可支配资产比例和风险资产投资占可支配资产比例；C_t 反映第 t 期的消费额；β_t 是时变时间贴现因子，表示家庭在各时期对时间的偏好程度。公式（5-5）中的 W_t 是各期期初的家庭可支配资产，由当期家庭劳动总收入 Y_t 减去意外支出再加上当期期初（即上期期末）家庭金融资产 B_{t-1} 构成；B_t 由当期家庭可支配资产减去消费后的投资收入组成。公式（5-6）表示使用保费支出代替意外支出之后的约束条件。

此模型属于跨期复杂组合的决策问题，将约束条件代入目标方程，求出目标方程最大化时的各期决策变量集合。本章将使用该模型模拟求解家庭生命周期内效用最大化时的消费与投资组合决策行为，分析各因素对家庭消费与投资的影响。

5.3 仿真模拟算法研究

本章根据国内学者对家庭生命周期消费与投资决策的数值模拟研究文献，归纳整理了常用的金融模型与对应的决策算法，发现金融模型的构建已经日趋完善，但决策算法的应用处于初级阶段。大部分研究者的研究重点都集中于家庭生命周期模型的构建中，而对于决策算法的应用，一方面，仅使用了单一的算法，另一方面，仅使用了算法的原始形态，没有根据家庭金融模型的特点进行改进。如此一来，当家庭金融模型越来越复杂时，模型分支变量与决策周期深度将呈指数增加，单一原始的决策算法已不能满足庞大的决策空间，此时将无法得到理想的最优决策结果。如今，决策算法的研究日新月异，越来越多的决策算法研究成果应用于各个领域并取得了优异表现。本章根据最新的人工智能算法研究成果，结合人工智能在其他领域的实际应用，分析家庭金融决策模型的特点，研究适合家庭金融数值仿真模拟的人工智能决策算法。

5.3.1 基础算法

由于本章假设外部金融环境的可视期仅有一年，也就是说只能在当年年初才能获得今年的环境信息（包括收入、金融资产收益、意外支出等）。第一年的年初家庭根据状态决定第一年的消费与投资决策；第二年的年初又需要根据第二年的环境信息与第一年的消费与投资决策对第二年的影响共同决定第二年的家庭状态，然后家庭再根据状态决定第二年的消费与投资决策。这个过程需要持续整个家庭生命周期。

上述过程类似于马尔科夫链决策过程，即"状态1→决策1→状态2→

决策 2→…"。关于马尔科夫链决策问题本章选择使用蒙特卡罗树搜索（Monte Carlo tree search，MCTS）作为算法框架，核心使用 UCT 算法做选择，然后再融入 Q 学习算法做强化学习，综合研究运用作为家庭生命周期金融模型的人工智能决策算法。

UCT 算法，即上限置信区间算法是一种博弈树搜索算法，主要运用于超大规模的博弈树搜索过程，这种算法是蒙特卡罗方法的扩展运用。其中，树内选择策略计算树节点 v 评估值的公式如下：

$$r_i = \bar{v}_i + c \times \sqrt{\frac{2\ln N(v)}{N(v')}} \tag{5-7}$$

公式（5-7）中的 $\bar{v}_i$ 表示节点 v 所有子节点 childs 仿真模拟回报值的期望值，$N(v')$ 是子节点 v' 的访问次数，$N(v)$ 是节点 v 的访问次数，c 是一个人工设定常数，用以平衡 UCT 算法中的利用与探索。

Q 学习算法是强化学习领域的一种主流算法。其核心在于 Q 表，Q 表的值 $Q(s, a)$ 表示当前状态 state(s) 采取当前动作 action(a) 的价值，估计这个价值的函数称为值函数 $V(s)$。算法更新值函数的公式使用的是时间差分方法，融合了动态规划方法和蒙特卡罗方法的优点，既可以在迭代过程中逐渐理解环境，又可以单步更新，速度更快。算法值函数的更新公式为

$$Q(S_t, A_t) \leftarrow Q(S_t, A_t) + \alpha \times [R + \delta \times \max_{A_{t+1}} Q(S_{t+1}, A_{t+1}) - Q(S_t, A_t)]$$

$$\tag{5-8}$$

公式（5-8）中 α 是学习率；δ 是折扣因子，表示未来价值对当前状态的影响；R 是当前状态 S_t 下执行动作 A_t 的回报值；收敛速度由学习率 α 决定，用它来更新 Q 值的评估值，直至 Q 值收敛。Q 表全部收敛之后，每行最大值所在的列即为每个状态的最优选择，根据每个状态的最优选择进行状态转换就是实现既定目标的最优决策路径。

5.3.2 基础算法改进研究

本章将家庭生命周期消费与投资决策研究转化为博弈树搜索过程，其

中，博弈树的根节点为家庭初始状态，博弈树每层的分支为家庭每年的消费与投资决策组合，博弈树的深度即为家庭生命周期长度，博弈树的每个叶子节点都是家庭终止状态。整个结构如图 5 – 1 所示。

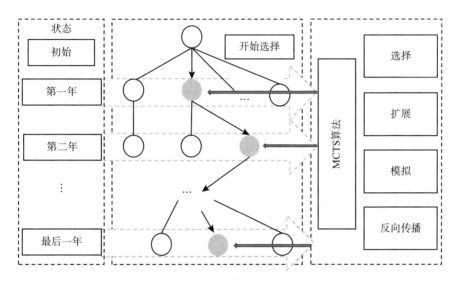

图 5 – 1　算法流程

图 5 – 1 左边表示家庭生命周期各期的家庭状态；中间为在每个家庭状态下的所有合法选择，即消费与投资决策组合，灰色节点表示每个状态下的最优选择；右边表示这些灰色节点是由 MCTS 算法选择出来的。需要注意的是，这些灰色节点不是由 MCTS 算法一次性选择出来的，而是每个状态下都进行一次 MCTS 算法选择。

本章在数值模拟研究中发现，仅使用 UCT 算法仍不能得到理想结果。原因在于搜索空间过大，需要大量的搜索资源，因此需要进一步提高搜索效率。本章在使用 UCT 算法的基础上，融入了 Q 学习算法增加算法的学习性，同时，根据家庭金融模型的特点，改进基础算法的表现形式。

通过公式（5 – 7）可以发现，UCT 算法的树内选择策略为了兼顾利用需求与探索需求，需要一定次数的模拟之后才能做出更好的选择，当模拟次数较低时，树内选择策略在探索需求的平衡下会遍历所有合法选择。如果在树内选择策略开始时，就能根据经验选择可能比较好的决策，这样可以将更多的搜索资源倾向价值较高的分支，从而更快达到全局收敛。而且，UCT 算法在某个状态下进行 MCTS 迭代得到最优选择之后，就会将所有生成的数据舍弃，如果可以将这部分数据作为经验保存，下次再遇到类似状态时，就可以使用这些数据作为历史经验，在此基础上做出更好选择。

将 UCT 算法的树内选择策略与 Q 值相结合得到新的策略选择公式：

$$score = simulation\_value + \frac{experience\_value}{f(N)} \qquad (5-9)$$

其中，$score$ 表示节点的评估值，$simulation\_value$ 表示模拟分数，$experience\_value$ 表示经验分数，$f(N)$ 为迭代次数 N 的增函数。

模拟分数 $simulation\_value$ 的计算方式和公式（5-7）一样，当前状态在数值模拟过程中通过 MCTS 算法生成大量模拟数据，再根据这些模拟数据计算得到模拟分数。经验分数 $experience\_value$ 直接使用 Q 值，而 Q 值的来历如下：某个与当前状态相似环境的历史状态会生成大量历史数据，这些数据经过 Q-learning 算法学习后可以得到这个历史状态的 Q 值表，学习过程使用公式（5-8）。这样当再次遇到类似环境的状态（即当前状态）时，就可以直接使用 Q 值作为经验分数。同时，前面数值模拟过程中产生的模拟数据又可以作为当前状态的历史数据，用来继续训练 Q 值表。

使用公式（5-9）代替公式（5-7）做树内选择策略后，家庭在某个状态的最优决策选择过程是：数值模拟迭代初期，节点评估值 $score$ 更注重历史经验 $experience\_value$，因为发生过类似的场景，所以会优先选择回报值较高的分支进行探索；随着迭代次数 N 增加，历史经验的作用越来越小，增函数 $f(N)$ 会使历史经验 $experience\_value$ 的作用逐渐趋向于零；此时，数值模拟过程积累了一定数量的模拟数据，通过 UCB 公式计算得到的模拟分数 $simulation\_value$ 趋于稳定；迭代结束后，选择访问次数最多的节点作为最优决策选择。

公式（5-9）中模拟分数的计算公式为公式（5-7），公式（5-7）

中节点期望回报值 $\bar{v}_i$ 的计算方式是每次迭代后该节点所有回报值的平均值。但如果使用平均值作为某个决策的回报值，会掩盖这个决策的真实价值。所以将公式（5－7）中期望回报值由平均值 $\bar{v}_i$ 改成为最大值 $expected\_value$：

$$\bar{v}_i \rightarrow expected\_value$$

$$expected\_value = \max\{expected\_value, current\_value\} \quad (5-10)$$

公式（5－10）表示每次迭代时把当前回报值与之前迭代中的最大值比较，取两者之间的最大值，这样可以排除该节点价值较低的分支对价值较高的分支的影响。

本章在研究家庭生命周期各期的决策时，使用两个效用值评估家庭选择。一个是从初始状态到当前状态的家庭效用累计值，另一个是从初始状态到最终状态的家庭效用累计值。前者衡量家庭更看重当前效用的程度，后者衡量家庭更看重未来整体效用的程度，这样在目标函数同样是生命周期家庭总效用最大的情况下，通过两者的比值变化就可以研究不同类型家庭所作的决策。

$$current\_value = (1-m) \times accumulative\_value + m \times roullout\_value \quad (5-11)$$

公式（5－11）中，$accumulative\_value$ 是从初始状态到当前状态的家庭效用累计值，表示家庭对当前效用的重视程度；$roullout\_value$ 是从初始状态到最终状态的家庭效用累计值，表示家庭对未来整体效用的重视程度；m 为人工设定的常数，衡量家庭对当前效用与未来整体效用的权重比。为了便于研究，本章假定 m 在家庭生命周期范围内一直保持不变。

结合公式（5－7）、公式（5－9）、公式（5－10）和公式（5－11），最终决策算法对节点评估值的计算方式为

$$score = \max\{expected\_value, (1-m) \times accumulative\_value$$

$$+ m \times roullout\_value\} + c \times \sqrt{\frac{2\ln N(v_{parent})}{N(v)}} + \frac{experience\_value}{f(N)} \quad (5-12)$$

Q-learning 算法在强化学习过程中，通常假定状态 s 执行动作 a 后所处环境给予的反馈信息是固定的，即公式（5－9）中的回报值 R 是确定的

值。当公式（5-9）中的回报值 R 是固定值时，根据公式（5-9）计算的 $Q(S, A)$ 值已经被证明是可以收敛的。

家庭生命周期决策研究中，由于模型假设金融环境为不确定性的，但都服从某个概率分布，所以回报值 R 也是不确定的，而是由家庭金融决策环境的各个变量综合决定，直接使用公式（5-9）不能保证 $Q(S, A)$ 值一定会收敛。因此，本章在传统 Q-learning 算法的基础上，增加了一个参数 Q 表中每个值的迭代次数，计算 Q 值的期望值，公式如下：

$$Q'' = Q \times \frac{n}{n+1} + Q' \times \frac{1}{n+1} \qquad (5-13)$$

针对某个位置的 Q 值而言，一次迭代就是一次强化学习过程。公式（5-16）中的 Q 表示在这次迭代之前 Q 表中的 Q 值；Q' 表示通过公式（5-9）计算更新后的 Q 值；n 表示这个位置 Q 值的总迭代次数，本次迭代完成后这个值增加一次；Q'' 是通过迭代次数计算得到的期望值，也是这个迭代之后最终更新到 Q 表中的值。

结合公式（5-9）与公式（5-13），最终 Q 值的更新公式变为：$Q_0(S_t, A_t) = 0$。

$$Q_{n+1}(S_t, A_t) = Q_n(S_t, A_t) \times \frac{n}{n+1} + \{ Q_n(S_t, A_t) + \alpha \times [R + \delta$$
$$\times \max_{A_{t+1}} Q_m(S_{t+1}, A_{t+1}) - Q_n(S_t, A_t)] \} \times \frac{1}{n+1}, \ (m, \ n \geqslant 0)$$

$$(5-14)$$

公式（5-14）中 t 表示家庭生命周期所处的状态；(S_t, A_t) 表示状态 S_t 选择动作 A_t；$Q(S_t, A_t)$ 表示 Q 表中对应位置的 Q 值；R 表示状态 S_t 选择动作 A_t 之后的回报值，不是固定值；$\max Q(S_{t+1}, A_{t+1})$ 表示状态 t 的下一个状态的所有 Q 值中的最大值，是一个固定值；m 和 n 分别表示不同状态的迭代次数，两者没有关联关系。

整个迭代过程中人工智能决策算法的流程如下：

迭代开始前获取家庭创建时的家庭信息与金融数据；获取该家庭对应

的 Q 表数据,如果对应 Q 表不存在则初始化 Q 表,反之,则直接使用。

(1)如果当前状态为家庭初始状态,则生成对应的节点 *root* 作为博弈树的根节点;反之,则直接将当前状态对应的节点作为父节点;

(2)设定 UCT 算法的迭代次数 i;

(3)将家庭下一步(即第二年)的所有合法选择集(消费与投资决策组合)作为步骤(1)中父节点的子节点 *childs*;

(4)使用公式(5 – 12)选择一个子节点 *child* ∈ *childs* 扩展博弈树;

(5)从选择的子节点 *child* 快速模拟至家庭终止状态;

(6)回溯遍历当前子节点 *child* 的所有父节点,更新每一个父节点的期望回报值和访问次数;

(7)使用公式(5 – 14)更新 Q 值;

(8)转至步骤(4),直至迭代次数达到设定值 i;

(9)根据所有子节点 *childs* 的访问次数,选择访问次数最多的子节点作为当前状态的最优选择;

(10)转至步骤(2),直至当前状态为家庭终止状态;

(11)循环使用步骤(1)至步骤(10),直至 Q 值收敛。

从上述过程可以发现,步骤(1)至步骤(9)是家庭选择当前状态最优决策的过程,步骤(1)至步骤(10)是家庭选择生命周期范围内最优决策路径的过程,这个过程是连续的,迭代次数有限,而步骤(11)是可间断可连续的,所以最终迭代次数是无限的。当 Q 值收敛以后,Q 表各行最大值所在的列组成的轨迹,就是家庭生命周期总效用最大时消费与投资决策的最优路径。

5.4 模拟方案与结果分析

5.4.1 数据处理与参数估计

本章使用中国国家统计局 2008 ~ 2018 年城镇居民家庭平均可支配收入

以及 GPD 增长率，来模拟家庭在财富积累期的平均劳动收入，估计家庭劳动收入增长率与波动率。家庭基本劳动收入以 $Y_{t+1}/Y_t = 2\%$ 近似计算，根据公式（5-2）可近似计算得到 g 为 0.0198，波动率标准差为 0.024556。我国基本养老保险金设计的目标替代率约为 60%（张兴，2019）。所以本章假设家庭在财富消耗期的养老金收入为退休时劳动收入的 60%，即 $\xi = 0.6$。

家庭金融资产投资主要分为无风险资产和风险资产，无风险资产以银行定期存款或债券为主，风险资产以指数型股票为主。本章以 2010~2018 年银行定期存款平均利率作为无风险资产的收益率，$r_f = 2.5\%$；以 2010~2018 年上证综合指数的年收益率的均值来模拟风险资产收益率，由于我国股市的不完善，上证综指的波动率较大，会降低模拟的准确性，所以参考实际情况与建模需要，设定风险资产收益率为 $r_{risk} \sim N(0.082, 0.11^2)$。根据我国长久以来的传统文化和生活所需，居民通常不会将全部资金用于金融资产投资，一般会保留一部分流动性资金，所以本章假设风险资产占居民可支配资产的比例不会超过 80%。

本章设定家庭意外支出率的基准方案为 $e \sim N(0.013, 0.02^2)$，其中，家庭意外支出率的均值为 0.013，标准差为 0.02。

相对风险厌恶系数 γ 表示家庭对风险的厌恶程度，γ 越大，表示家庭对风险的厌恶程度越高，对风险的承受能力越弱，说明家庭更倾向于低风险资产。陈学彬（2005）的研究结果表明，在我国改革开放初期，居民由于计划经济的影响，风险厌恶程度较高（$\gamma > 1$），但随着改革开放的进程加快，居民的风险厌恶程度逐渐降低，承受风险的能力逐渐加强，γ 也随之减小。因此，本章设定相对风险厌恶系数 $\gamma = 0.9$。

本章根据国内学者陈学彬的时变时间贴现因子模型（陈学彬、葛成杰，2008）和刘彦文通过《中国家庭金融调查》数据回归得到的方程（刘彦文、辛星星，2017），估计一个户主为高中以上学历的三口之家生命周期内的金融模型所使用的时变时间贴现因子式如下：

$$\beta_t = 1.00175 - 0.0036 \times age, \quad age \in T(25 \leqslant T \leqslant 85) \qquad (5-15)$$

5.4.2 基准方案设计

家庭生命周期金融模型所使用的模拟方案基准参数如表 5-1 所示。

表 5-1 　　　　　　　　　　　　　基准方案参数

参数名	代表字母	估计值
初始年收入	ii	85500
劳动收入增长率	g	0.0198
劳动收入波动率	σ	0.0246
无风险资产收益率	r_f	0.025
风险资产收益率	r_{risk}	0.082
风险资产波动率	σ	0.11
意外支出率	e	0.013
意外支出波动率	σ	0.02
相对风险厌恶系数	γ	0.9
时变时间贴现因子	β_t	61 个数值

本章使用公式（5-4）、公式（5-5）、公式（5-12）与公式（5-14）进行家庭生命周期金融不确定性决策基准方案数值模拟研究，即不购买保险的情况，在基准方案中，本章设定公式（5-12）中普通家庭对当前效用的重视程度为 0.5。

5.4.3 决策算法有效性分析

基准方案模拟得到的最优消费决策如图 5-2 所示，家庭生命周期内最优消费占比曲线呈 U 形。在家庭组建初期，户主年龄为 25~40 岁时，最优消费占小于 0.4，此阶段家庭年收入较低，家庭成员考虑到未来的不确定性，会有意识地进行储备。随着户主年龄增大，家庭年收入增加，家庭可支配资产会逐渐变多，在消费水平变化不大的情况下，最优消费占比会缓慢下降。到家庭组建中期，户主年龄为 40～60 岁时，最优消费占比约为 0.2，此阶段家庭年收入已达到一定水平，可支配资产逐年增加，家庭最优消费占比较为平稳且缓慢上升。在家庭组建后期，户主退休至死亡阶段，家庭年收入仅有少量的退休金与投资收入，此时，家庭的消费较为充足，最优消费占比快速上升，进而提升整体效用水平，且由于不考虑遗产动机，最终消费达到最大值。这与现实情况相符。

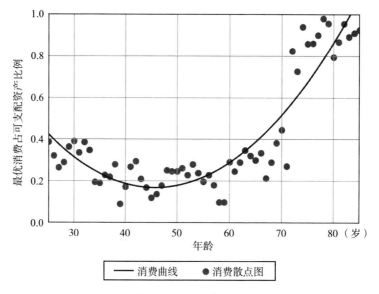

图 5－2　基准方案中家庭最优消费占比

基准方案模拟得到的最优风险资产投资决策如图 5－3 所示，家庭最优风险资产占比曲线呈倒 U 形。在家庭组建初期，家庭年收入较少，且劳动收入本身就具有不确定性风险，所以家庭成员更注重当前消费，导致投资比例较低。在家庭组建中期，随着家庭年收入增加，可支配资产增多，抗风险能力增强，家庭具有更多意愿进行风险资产投资以增加未来效用。在家庭组建后期，家庭成员进入退休阶段，年收入大幅下降，家庭会增加消费减少投资，由于本章没有遗产动机，最终家庭最优投资占比会下降到零。这与前人研究结论一致。

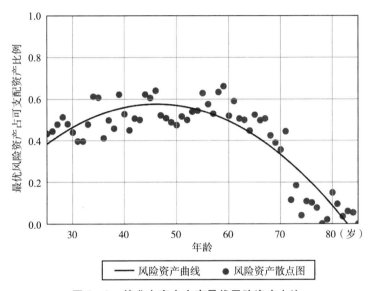

图 5 - 3　基准方案中家庭最优风险资产占比

　　基准方案模拟得到的最优无风险资产投资决策如图 5 - 4 所示，家庭最优无风险资产占比在家庭生命周期各阶段都较低。在家庭组建初期，家庭收入较少，支出较多，且未来不确定性风险较大，家庭可支配资产大部分都用于消费与投资，以在未来获得更多收益，只有小部分用于无风险资产以备不时之需。在家庭组建中期，由于家庭固定支出增加，例如，房贷、车贷、子女教育和人情往来等，家庭为保留一部分的流动资产，所以最优无风险资产占比会适当增加。在家庭组建后期，由于无遗产动机且医疗支出提高，家庭最优无风险资产占比再次大幅降低至零。

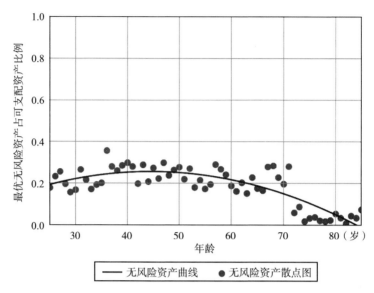

图 5 - 4　基准方案中家庭最优无风险资产占比

综上所述，本章使用的人工智能决策算法有效模拟了家庭生命周期内消费与投资决策过程，使模拟结果更接近于实际情况，充分反映了家庭生命周期各阶段的规律与特点。

5.4.4　当前效用重视程度对决策的影响

本章新引入家庭对当前效用的重视程度变量对家庭类型进行分类，以往家庭金融数值模拟研究建立家庭金融模型时，对家庭类型尚无分析，通常假设为一般家庭。本章根据家庭对当前效用的重视程度将家庭分为三种类型：重视当前效用的"月光族"家庭、重视未来整体效用的"远见型"家庭与两者之间的普通家庭。

本节使用公式（5 - 4）、公式（5 - 5）、公式（5 - 12）与公式（5 - 14）进行三种类型家庭的生命周期金融不确定性决策模拟研究，决策目标均为家庭总效用最大，公式（5 - 12）中的家庭对当前效用重视程度变量 m 分别取值为 0.1、0.5 和 0.9，其中，$m = 0.1$ 表示"远见型"家庭，$m = 0.9$ 表示"月光族"家庭，$m = 0.5$ 表示普通家庭，数值模拟结果如图 5 - 5 所示。

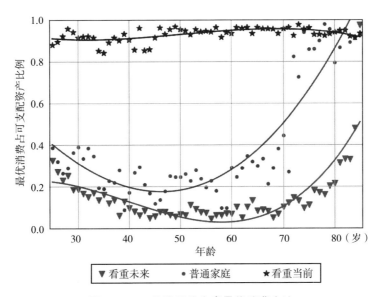

图 5 - 5　三种类型的家庭最优消费占比

三种类型家庭的最优消费占比曲线如图 5 - 5 所示，"远见型"家庭各期消费占比都相对较低，"月光族"家庭各期消费占比都相对较高，普通家庭各期消费占比曲线呈现为 U 形。

三种类型家庭的最优风险资产与无风险资产占比曲线如图 5 - 6 和图 5 - 7 所示。"月光族"家庭最优风险资产投资与无风险资产投资占比均较低，且基本无差别，原因在于"月光族"家庭各期消费占比较高，压缩了家庭投资空间。"远见型"家庭投资空间增大后，主要用于风险资产投资。从图 5 - 6 中可以看出，"远见型"家庭的最优风险资产占比曲线在普通家庭的上方，说明"远见型"家庭对风险资产的投资比普通家庭更多。但同时图 5 - 7 显示，"远见型"家庭的最优无风险资产投资占比曲线与普通家庭基本重合，说明"远见型"家庭对无风险资产的投资与普通家庭基本相同，并且"远见型"家庭增大的投资空间大部分都释放到了风险资产投资中。

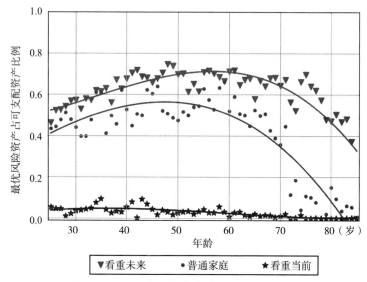

图 5 - 6　三种类型的家庭最优风险资产占比

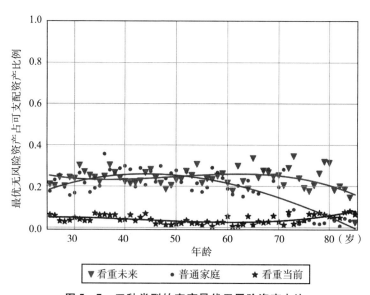

图 5 - 7　三种类型的家庭最优无风险资产占比

在得到三种类型家庭的最优消费与投资决策路径后，本章需要比较家庭的总效用。比较方法为在同一个金融环境下分别使用不同家庭的消费与投资最优决策计算各自家庭的总效用。因为本章假设家庭所处的金融环境为不确定性条件下产生的，所以使用计算机随机模拟生成了 1000 个金融环境样本，在每个样本中分别使用 3 种类型家庭的消费与投资最优决策后得到了家庭生命周期各期的效用与总效用。将这 1000 个样本数据中的家庭生命周期各期效用分别取平均值，得到各期效用均值如表 5 - 2 所示。

表 5 - 2　　　　　　　　三种类型家庭生命周期各期效用

年龄	普通家庭	看重未来	看重当前
25	25.83	25.41	28.02
26	26.51	26.17	28.32
27	26.62	26.46	28.29
28	27.31	27.18	28.30
29	28.25	26.55	28.06
30	28.41	27.05	28.00
31	27.86	26.96	28.00
32	28.19	26.82	27.95
33	27.84	27.35	27.88
34	26.32	26.92	27.61
35	26.54	27.43	27.71
36	27.33	26.70	27.86
37	27.27	27.25	27.75
38	28.00	25.09	27.53
39	24.88	27.36	27.61
40	26.90	26.67	27.38
41	28.27	26.18	27.28
42	28.32	25.57	27.63

续表

年龄	普通家庭	看重未来	看重当前
43	27.06	26.48	27.00
44	26.52	25.35	27.19
45	25.73	25.95	27.34
46	26.33	26.80	27.22
47	27.11	26.83	26.95
48	27.98	26.09	27.05
49	27.74	26.16	26.94
50	27.52	26.63	26.82
51	27.45	26.24	26.75
52	26.93	27.93	26.65
53	27.39	27.26	26.73
54	26.75	26.89	26.52
55	26.19	26.85	26.53
56	26.61	25.60	26.42
57	25.92	26.13	26.43
58	24.50	26.15	26.20
59	24.73	26.57	26.29
60	27.62	26.54	26.18
61	26.72	27.41	24.88
62	26.62	25.41	24.65
63	26.73	27.18	24.53
64	25.85	27.71	24.37
65	25.24	26.14	24.35
66	25.26	26.32	24.19
67	23.72	25.88	24.08
68	24.45	24.57	23.96
69	25.02	25.38	23.80

续表

年龄	普通家庭	看重未来	看重当前
70	24.93	26.22	23.78
71	23.23	26.50	23.62
72	26.03	26.87	23.41
73	23.74	26.16	23.53
74	23.99	25.21	23.24
75	22.99	25.30	23.16
76	23.03	26.39	22.98
77	23.04	25.84	22.93
78	23.03	25.34	22.83
79	22.67	25.60	22.71
80	22.18	25.41	22.62
81	22.60	25.82	22.51
82	22.61	25.26	22.37
83	22.09	24.54	22.18
84	22.17	24.84	22.13
85	22.05	25.56	22.07
总效用	1570.73	1602.42	1567.27

从表 5-2 中可以看出，普通家庭、"远见型"家庭和"月光族"家庭三种家庭的生命周期总效用样本均值分别为 1570.73、1602.42 和 1567.27，生命周期各期效用的样本方差分别为 1.92、0.78 和 2.05。"远见型"家庭的总效用最高，方差最低，说明"远见型"家庭生命周期各期的效用波动水平较低，消费较为平滑。"月光族"家庭的总效用最低，方差最高，说明"月光族"家庭生命周期各期的效用波动水平较高，消费受外在因素的影响较大。

统计 1000 个样本数据中"远见型"家庭和"月光族"家庭的总效用比普通家庭的总效用更大的样本个数，统计结果如表 5-3 所示。

表5－3 三种类型家庭生命周期总效用关系

类型	总效用比普通家庭更大的样本个数（个）	总效用样本均值
普通家庭	—	1570.73
"远见型"家庭	998	1602.42
"月光型"家庭	167	1567.27

从表5－3中可以看出，1000个样本中"远见型"家庭大于普通家庭的比例为99.8%、"月光族"家庭大于普通家庭的比例为16.7%，排除了单个样本极值对总样本均值的影响。

本节通过引入家庭对当前效用重视程度变量将家庭分为三种不同类型，补充了家庭金融模型理论。本节研究结果表明，"远见型"家庭的生命周期总效用最高，生命周期各期效用波动水平最低，整体消费更为平滑。同时，本节对三种类型家庭的最优风险资产与无风险资产投资占比曲线的对比分析还表明，在其他条件不变的情况下，家庭对无风险资产的需求是一定的，在满足无风险资产的基本需求后，随着家庭投资空间的增大，家庭风险资产投资会增加，无风险资产投资则基本保持不变。

5.4.5 购买保险对决策的影响

保险作为家庭风险管理的重要工具，覆盖的范围与划分的种类都越来越多，本章通过将意外风险分为"高频低损"与"低频高损"两种情况，研究购买保险对家庭生命周期总效用的影响，并在此基础上，研究保费支出中附加保费比例的变化对家庭购买保险决策的影响，其中，"高频低损"类风险包括车险、医疗险等，"低频高损"类风险包括火灾险、重疾险等。

本节使用公式（5－3）、公式（5－4）、公式（5－6）、公式（5－12）与公式（5－14）进行购买保险时的家庭金融数值模拟研究。"高频低损"类风险使用三角分布模拟，分布函数为 e ~ triangular（0.003，0.007，

0.2)，低限为 0.003，众数为 0.007，上限为 0.2。"低频高损"类风险使用对数正态分布模拟，分布函数为 $e \sim \text{lognormal}(0, 2)/100$，均值为 0，标准差为 2。因为保费支出中的纯保费是以大数定律为基础计算，用以覆盖意外支出费用，这两种风险的分布函数的期望值 $E(e)$ 均为 7%，所以公式（5-3）中两种风险的纯保费比例相同。本节假设家庭均为普通家庭。

（1）"高频低损"类风险。在纯保险的情况下，公式（5-3）中附加保费比例 φ 为 0，使用数值模拟得到家庭生命周期最优消费与投资决策路径。然后比较购买保险与不购买保险时家庭的总效用，比较方法与上节相同，使用样本数据比较结果如表 5-4 所示。

表 5-4　　"高频低损"类风险中无保险与纯保险家庭生命周期各期效用

年龄（岁）	无保险	纯保险
25	24.72	25.71
26	26.78	27.13
27	27.30	27.09
28	27.49	27.13
29	25.65	26.54
30	24.41	26.80
31	28.06	27.93
32	25.71	27.90
33	26.27	27.13
34	28.65	26.76
35	27.23	27.35
36	24.16	26.00
37	27.85	26.64
38	28.23	26.61
39	27.33	28.67
40	27.19	27.56

续表

年龄（岁）	无保险	纯保险
41	28.29	23.84
42	29.00	25.00
43	27.82	24.41
44	27.93	24.66
45	25.55	24.33
46	24.96	25.08
47	24.86	24.70
48	25.99	25.89
49	26.58	26.75
50	26.82	25.55
51	25.85	26.13
52	25.64	26.95
53	27.23	26.17
54	25.65	25.74
55	27.90	27.06
56	26.58	27.64
57	26.95	30.08
58	28.36	26.45
59	28.29	26.75
60	27.15	26.40
61	27.49	27.63
62	25.72	28.12
63	26.45	25.02
64	25.04	26.82
65	23.25	24.84
66	25.83	25.20
67	24.21	28.33

年龄（岁）	无保险	纯保险
68	26.12	24.96
69	25.64	26.52
70	22.74	25.44
71	25.82	25.73
72	23.06	27.36
73	21.83	24.53
74	22.49	24.65
75	23.81	25.94
76	23.54	24.85
77	23.59	25.18
78	25.23	26.12
79	25.88	26.76
80	25.49	26.44
81	22.91	22.87
82	22.16	22.10
83	21.71	22.37
84	21.51	21.42
85	22.20	22.02
总效用	1568.17	1583.76

从表 5-4 中可以看出，购买保险与不购买保险的家庭生命周期总效用样本均值分别为 1583.76 和 1568.17，生命周期各期效用的样本方差分别为 1.65 和 1.96。购买保险后家庭总效用更高，各期效用的方差更低，说明在"高频低损"类风险中，使用保险作为家庭的风险管理工具，有效增加了家庭生命周期总效用，同时降低了家庭各期的效用波动水平，使家庭各期的消费更加平滑。

为了更好地说明购买保险与家庭决策的关系，本节继续研究保费支出中附加保费比例变化对家庭总效用的影响。本节在纯保险的基础上，对公式（5-3）中的附加保费比例变量 φ 分别取值为 0.05、0.1、0.2 和 0.3，得到不同附加保费比例下的家庭生命周期最优消费与投资决策。然后比较无保险、纯保险和四种不同比例的附加保费保险共六种情况下的家庭总效用，比较方法与上节相同，统计比较结果如表 5-5 所示。

表 5-5   "高频低损" 类风险中附加保费比例与家庭生命周期总效用关系

类型	购买保险总效用比无保险高的样本个数	总效用样本均值
无保险	—	1568.17
$\varphi = 0$	1000	1583.76
$\varphi = 0.05$	679	1569.21
$\varphi = 0.1$	387	1567.41
$\varphi = 0.2$	56	1563.71
$\varphi = 0.3$	19	1562.28

从表 5-5 中可以发现，附加保费比例逐渐增大时，家庭总效用样本均值在逐渐减小。当 $\varphi = 0.1$ 时，购买保险的家庭总效用样本均值略低于无保险的家庭，1000 个样本数据中购买保险的家庭总效用比无保险高的样本比例为 38.7%，说明 "高频低损" 类风险中家庭能够接受的附加保费比例最高值为 0.1。在现实情况下，由于此类风险发生频率较高，消费者往往会高估该风险，从而容忍比理论最高值更高的附加保费比例，反映了客观风险与实际风险的区别。

（2）"低频高损" 类风险。使用与 "高频低损" 时同样的方法比较购买保险与不购买保险时家庭生命周期的总效用，比较结果如表 5-6 所示。

表 5 - 6　　"低频高损"类风险中无保险与纯保险家庭生命周期各期效用

年龄（岁）	无保险	纯保险
25	27.86	27.83
26	27.40	28.12
27	27.53	28.01
28	28.69	27.87
29	28.58	28.04
30	27.76	27.81
31	27.77	27.74
32	28.18	27.74
33	27.60	27.92
34	26.70	27.56
35	27.18	27.41
36	28.71	27.53
37	27.40	27.46
38	27.81	27.60
39	27.52	27.17
40	27.54	27.26
41	26.88	27.18
42	27.42	27.35
43	26.54	26.96
44	27.95	27.02
45	26.93	27.17
46	26.65	26.74
47	27.07	26.69
48	27.21	26.89
49	26.89	26.80
50	26.23	26.60
51	24.11	26.55

续表

年龄（岁）	无保险	纯保险
52	25.11	26.55
53	23.65	26.50
54	25.98	26.57
55	25.48	26.14
56	28.15	26.28
57	27.96	26.27
58	26.76	26.05
59	25.19	26.21
60	24.66	26.02
61	22.65	24.75
62	27.04	24.62
63	21.53	24.34
64	25.67	24.27
65	24.28	24.10
66	24.77	24.20
67	24.31	23.83
68	23.99	23.92
69	23.73	23.71
70	23.67	23.43
71	23.31	23.46
72	23.67	23.30
73	23.30	23.43
74	23.43	23.07
75	23.20	22.94
76	22.96	22.84
77	22.30	22.89
78	23.32	22.67

续表

年龄（岁）	无保险	纯保险
79	22.36	22.57
80	21.96	22.61
81	23.01	22.35
82	22.21	22.19
83	22.02	22.17
84	22.57	21.96
85	21.72	21.84
总效用	1554.05	1557.10

从表 5 - 6 中可以看出，购买保险与不购买保险的家庭生命周期总效用样本均值分别为 1557.10 和 1554.05，生命周期各期效用的方差分别为 2.02 和 2.17。购买保险后家庭总效用更高，各期效用的方差更低，说明在"低频高损"类风险中，保险同样能够增加家庭生命周期总效用，降低各期效用波动水平，平滑家庭各期消费。

本节继续研究"低频高损"类风险下附加保费比例变化对家庭总效用的影响。在纯保险的基础上，对公式（5 - 3）中的附加保费比例 ϕ 分别取值 0.1、0.2、0.3 和 0.4，得到家庭生命周期最优消费与投资决策，做与"高频低损"类风险中同样方式的数据处理后得到统计结果如表 5 - 7 所示：

表 5 - 7　　"低频高损"类风险中附加保费比例与家庭生命周期总效用关系

类型	购买保险总效用比无保险高的样本个数	总效用样本均值
无保险	—	1554.05
$\varphi = 0$	875	1557.10
$\varphi = 0.1$	706	1555.75
$\varphi = 0.2$	475	1554.32

类型	购买保险总效用比无保险高的样本个数	总效用样本均值
$\varphi = 0.3$	316	1552.98
$\varphi = 0.4$	182	1551.51

从表 5 - 7 中可以发现，附加保费比例逐渐增大时，家庭生命周期总效用的样本均值在逐渐减小。当 $\varphi = 0.3$ 时，购买保险的家庭总效用样本均值小于无保险的情况，1000 个样本数据中购买保险的家庭总效用比无保险高的样本比例为 31.6%，说明"低频高损"类风险中家庭能够接受的附加保费比例最高值为 0.3。

本节通过对"高频低损"与"低频高损"两类风险的研究证明：面对意外风险时购买保险均能有效提高家庭生命周期总效用，同时降低家庭各期效用波动水平，使家庭各期消费更为平滑。"高频低损"与"低频高损"两类风险的对比分析说明：当保费支出中附加保费比例增加时，家庭生命周期总效用均会下降，"高频低损"类风险中家庭能够接受的附加保费比例最高值为 0.1，"低频高损"类风险中家庭能够接受的附加保费比例最高值为 0.3，高风险时消费者能够容忍的附加保费比例比低风险时更高，这与现实情况是一致的。

5.5 本 章 结 论

家庭生命周期消费与投资决策数值模拟研究是家庭金融领域中的重要部分，已有文献主要研究家庭金融模型的完善，本章进行了决策算法与家庭金融模型的交叉同步研究。这些研究包括新构建了一个人工智能决策算法、引入家庭对当前效用的重视程度对家庭分类和分析"高频低损"与"低频高损"两种风险中保险决策对家庭总效用的影响，具体结论如下：

新构建的人工智能决策算法有效改进了家庭生命周期消费与投资决策数值模拟研究。使用人工智能决策算法进行数值模拟后的结果显示，家庭在总效用最大时生命周期最优消费占比曲线为 U 形、最优风险资产占比曲线为倒 U 形，这个结果符合家庭生命周期消费与投资的一般情况，证明了该人工智能决策算法的有效性。本章研究的人工智能决策算法还具有兼容性高、可扩展性强、搜索过程相对平滑以及收敛速度明显可控等优点。以往学者在家庭生命周期消费与投资决策的数值模拟研究中，为了满足不同金融决策变量的特点，使用了不同的决策算法，各个决策算法的使用条件不尽相同，这会影响数值模拟的最优结果。而本章使用的人工智能决策算法可以兼容当前已有家庭生命周期消费与投资决策数值模拟研究中的家庭金融模型，并且在此基础上，还可以容纳更多的金融变量。这样，在使用相同决策算法的基础上，才能比较不同变量对最优决策的影响。

在验证人工智能决策算法有效性的基础上，本章引入家庭对当前效用的重视程度将家庭分为"远见型"家庭、"月光族"家庭和普通家庭。研究结果显示"远见型"家庭的生命周期总效用最高，生命周期各期效用波动水平最低，整体消费更平滑。对比三种类型家庭的生命周期最优消费与投资决策路径后发现："月光族"家庭最优消费、最优风险资产占比曲线均为直线形；普通家庭最优消费占比曲线为 U 形，最优风险资产占比曲线为倒 U 形；"远见型"家庭最优消费与最优风险资产占比曲线同样分别为 U 形和倒 U 形，但是曲线的弯曲幅度比普通家庭更深。模拟结果与现实中对应类型家庭的表现相符，说明使用家庭对当前效用重视程度变量对家庭进行分类更符合实际情况。同时还发现家庭对无风险资产的需要是一定的，主要来源于流动性偏好、维持基本生活的支付需求以及小额不确定性支出等，当家庭存在额外的投资空间时，一般都会倾向于进行风险资产投资，而不是固定储蓄。

在研究保险决策对家庭总效用的影响中发现，"高频低损"与"低频高损"两种风险下购买保险均能增加家庭生命周期总效用，降低家庭生命周期各期效用波动水平，使家庭各期的消费更为平滑。当保费支出中包含附加保费时，随着附加保费比例的增加，家庭总效用会逐渐下降，当附加保费比例增加到一定程度时，购买保险的家庭总效用会低于不购买保险的情况。"高频低损"类风险下，家庭能够承受的附加保费比例最高值为0.1，"低频高损"类风险下，家庭能够承受的附加保费比例最高值为0.3，"低频高损"类风险下家庭的附加保费比例临界值高于"高频低损"类风险下家庭的附加保费比例临界值，这与现实情况是相符的。

实 务 篇

第 6 章

家庭财富与风险的类型

6.1　家庭财富的类型

从古至今，家庭财富的内涵在不断扩展。在古籍中最早给财富下定义的是古希腊著名历史学家色诺芬，他在《经济论》一书中将财富定义为"具有使用价值的东西"。早期重商主义者认为财富就是由货币或金银构成的，这一观点显然太过狭隘。

亚当·斯密在《国富论》中将一个国家或社会的总财富分为三个部分：保留供直接消费的部分、固定资本与流动资本。这是按照财富的功能进行的划分，即消费性财富、生产性财富，而生产性财富再按照流动性分为固定资本与流动资本。

经济学家皮尔斯主编的《现代经济词典》对财富的定义是：任何有市场价值并且可用来交换货币或商品的东西都可被看作财富。它包括实物与实物资产、金融资产以及能产生收入的个人技能。这是按照财富存在的形态进行的划分。

本书讨论的家庭财富是指家庭拥有或者控制的，具有使用价值或者可以交换货币或商品的家庭资产以及家庭人力资本。在家庭财富与风险整合管理中，家庭人力资本就是家庭成员未来预期收入的现值（具体计算方法将在第7.4.3节中讨论）。

为了进行家庭财富与风险整合管理决策，可以按照家庭财富的功能，将当代家庭财富划分为三类：资本性财富、风险储备性财富和消费性财富。资本性财富指能够增值或获得回报的财富，包括投资性金融资产、具有投资属性的实物资产（如投资性房地产、黄金、古董、艺术品等）、专利与版权等无形资产、家庭人力资本。风险储备性财富，即用来弥补家庭风险和不确定性事件带来的损失，恢复正常家庭生活的财富，包括保险和风险储备金。消费型财富指可供家庭当前消费的财富，包括家庭应对日常支出的现金、耐用消费品①、日常消费品、首饰和奢侈品等。按照家庭财富存在的形态可以分为：不动产、实物动产、金融资产、企业财产（无限责任企业）、无形资产、人力资本等。

6.2 家庭风险的类型

个人和家庭风险是人类生活当中面对的一类最基本的风险。风险无处不在，种类众多，每个人、每个家庭在生活中都应该考虑其所面临的风险，未雨绸缪，做好家庭风险管理。家庭风险管理与人们的生活质量、心理健康和社会稳定息息相关。

风险最早被定义为"发生某一经济损失的不确定性"，即事件的结果只能带来损失，不能带来收益，并且损失是否发生以及损失金额均不确定，这类风险也称为"纯粹风险"。后来随着风险管理理念和技术的发展，风险的定义扩展为"一个事件结果的不确定性"。如果事件的结果不确定，可能给风险主体带来损失，也可能带来收益，这类风险称为"投机风险"。

---

① 耐用消费品是指使用寿命较长，一般可多次使用的消费品，例如，家用电器、家具、汽车等。

因此广义的风险既包含纯粹风险，也包含投机风险。国际标准化组织《风险管理术语》（ISO Guide 73：2009）中从管理学的角度，将风险定义为"不确定性对目标的影响"。本书从家庭风险管理的角度，将家庭风险定义为"不确定性对家庭及其成员的正常生活和财务目标产生的影响"。显然，家庭风险既包含纯粹风险，也包含投机风险。

与风险相关的概念还包括：风险主体、风险损失事件、风险原因和风险因素等。风险主体就是指风险的承受者，家庭风险主体是作为一个经济单位的家庭整体。单身且经济独立的个人可以被视作特殊的家庭风险主体。风险损失事件，指的是造成风险主体损失的偶然的特定事件。纯粹风险对家庭造成的损失均来自风险损失事件的发生，并且风险损失事件发生后，家庭资产和人力资本都可能遭受损失。风险损失事件发生后，风险主体或风险管理者应该分析造成风险事件的风险原因及风险因素，以避免或控制同类风险事件的发生。风险原因是导致风险事件发生的一个行为或者一系列行为。风险因素是增加事故损失概率和扩大损失程度的条件。

按照风险暴露体的性质，家庭风险被分为四类，分别是实物资产的风险、法律责任风险、金融资产的风险和人力资本风险。

6.2.1 实物资产风险

不同类型的实物资产面临不同风险。家庭实物资产的类型主要包括动产和不动产。动产中位置相对固定的资产，其风险与不动产相似。常见的风险类型是各种自然灾害和意外事故，例如，火灾爆炸、地震、洪水、雷击、盗窃、抢劫等。动产中的交通工具，例如，摩托车、汽车、游艇、飞机等，常见的风险类型除了与动产风险相同的风险类型外，更主要的是碰撞、倾覆、沉没、坠毁等意外事故。在住所以外使用的家庭动产，例如，电子移动设备、照相机、无人机等，其风险类型也具有其独特性。

实物资产类风险就风险的后果而言，直接后果是物体本身价值的改变，大部分家庭实物资产的直接损失可以通过保险进行转移。家庭财产保险和机动车辆保险都是对家庭实物资产风险进行管理的有效手段。间接损失，指有形财产直接损坏、损毁后，进而造成的家庭收益的减少或损失、资产价值的降低以及家庭支出的增加等后果损失。大部分家庭实物资产的间接损失无法通过保险进行转移。个别保险产品可以提供部分家庭实物资产间接损失的赔偿，例如，北美洲一些家庭财产保险产品会提供一种附加险，可以对被保险的家庭住宅遭遇火灾后重建期间，家庭成员在保险金额范围内支付的住宿费用进行补偿。国内也有部分机动车辆保险可以提供被保险车辆修理期间被保险人在一定范围内支付的交通费。但这类对间接损失进行承保的保险产品十分有限。因此，家庭需要对由于风险事件导致的不能投保的实物资产直接损失和间接损失进行单独的财务准备。这些财务准备就需要在家庭财富管理中进行综合考虑，我们将在第 8 章中对这一问题进行讨论。

家庭实物资产主要用于满足家庭生活需求，但由于当代企业形式的多样性及互联网经营形式的多样性，一些家庭的经营性资产会与生活用资产出现重叠或者存放于同样的处所，这些财产不能使用传统的家庭财产保险或机动车辆保险等进行风险转移，应该寻求特殊的保险服务。如果无法通过保险转移，则必须在家庭风险管理中予以特殊的考虑。

另一类特殊的实物资产是具有投资属性的实物资产，例如，投资性房地产、黄金、古董、艺术品等，这些资产除了具有实物资产的纯粹风险外还会给家庭带来价格波动、租金波动等投机风险。其中，投资性不动产面临的风险更为复杂，与政策调控、利率变化以及市场周期性波动有关，同时，投资性不动产流动性较差，会增加家庭的流动性风险。

6.2.2 法律责任风险

法律责任风险是个人或者家庭可能因为法律上的侵权或违约，导致他人遭受损失，因此应当承担法律所要求的赔偿责任的风险。随着我国法治体系的不断完善，个人和家庭所可能承担的责任风险也日渐明晰和复杂。家庭常见的责任风险主要包括以下几种：

（1）职业责任风险，即医生、注册会计师、经纪人等专业技术人员因工作中的疏忽或过失导致他人身体伤害或财产损毁，根据法律应由上述人员承担损害赔偿责任的风险。

（2）家庭实物资产导致的责任风险。例如，家庭拥有的机动车辆等交通工具，在使用过程中发生意外事故致使第三者遭受人身伤亡或财产损毁，依法应承担赔偿责任的风险；出租的房屋在使用过程中，因出租人未能履行房屋内设施设备能够安全使用的保障义务，而导致意外事故发生，造成承租人及其同住家庭成员等人身伤亡或财产损毁，依法应承担赔偿责任的风险；家庭饲养的宠物造成他人的人身伤亡或财产损失，依法应承担赔偿责任的风险等。

（3）家庭雇主责任风险，即家庭雇佣的家政服务人员等雇员，在受雇过程中，遭受意外或患与业务有关的职业性疾病，依法应承担医药费及经济赔偿责任的风险。

（4）家庭成员个人行为导致的责任风险，即个人或其家庭成员在居住、从事体育活动及其他一切日常活动中致使他人身体伤害或财产损毁，依法应承担赔偿责任的风险。

法律责任风险可以通过降低风险概率和损失程度等措施进行风险控制，或通过相关的责任保险进行转移。但采用责任保险转移家庭责任风险需要面临的共同问题是责任保险存在赔偿限额，也就是说，责任保险不能完全转移家庭责任风险，因此，对于剩余风险的承担需要在家庭财富管理中进行综合考虑。

6.2.3 金融资产风险

家庭金融资产类型包括银行存款、固定收益类金融资产、权益类金融资产、金融衍生品、外汇资产、具有现金价值的保险产品等。家庭金融资产风险是指金融资产价值或者收益的不确定性对家庭及其成员的正常生活和财务目标产生的影响。家庭投资金融资产本质上是家庭为了特殊目的将部分当期财富以金融契约的形式调剂到未来时点使用，同时谋求投资收益的行为。由于与机构投资者投资目的不同，家庭金融资产不仅面临金融风险，还会面临通货膨胀风险。在经济平稳的情况下，短期内通货膨胀风险对家庭金融资产影响相对较小，但长期影响则不容忽视，相关问题将在第8章的养老规划部分进行讨论。

家庭金融资产的金融风险包括市场风险、信用风险、操作风险、流动性风险等。其表现形式为，资产贬值、收益低于预期、本金损失、不能按预期期限兑付等。金融资产风险不仅可能影响资产价值，还可能影响家庭的流动性，从而导致家庭财务目标无法实现。

不同的金融资产面临的通货膨胀风险相同，但金融风险有一定差异。对于权益类金融资产、基金、可供交易债券、衍生品、黄金和外汇而言，市场风险是其面临的主要风险。分红险保险、万能型保险、投资连结型保险也会受到资本市场波动的影响。

储蓄存款、固定收益类金融产品、保险产品的现金价值主要面临信用风险。在我国银行市场化退出机制建立的同时，为了保护存款人利益，促进金融机构健康稳定发展，维护金融稳定，我国于2015年正式施行《存款保险条例》，建立存款保险制度。所谓存款保险制度，是我国境内设立的商业银行、农村合作银行、农村信用合作社等吸收存款的银行业金融机构作为投保机构向存款保险基金管理机构交纳保费，形成存款保险基金，存款保险基金管理机构依规定向存款人偿付被保险存款，并采取必要措施维护存款以及存款保险基金安全。该条例规定，存款保险实行限额偿付，最高偿付限额为人民币50万元，同一存款人在同一家投保机构所有被保险存款账户的存款本金和利息合并计算的资金数额在最高偿付限额以内的，实行全额偿付；超出最高偿付限额的部分，依法从投保机构清算财产中受偿。

因此，家庭的储蓄存款受存款保险保护的部分不承担信用风险，但超出部分仍面临信用风险。利率变动对于家庭存款的影响与债券不同，利率变动可能引起债券价格变动，但不会引起存款实际价值变化。但是当利率上升后，未到期存款利率不变，家庭会损失机会收益，但不会对原有财务计划产生影响。当利率下降后，家庭存款账户内的资金预期收益会下降，因此会对家庭财务目标的实现造成影响。

6.2.4 人力资本风险

人力资本风险是在日常生活及工作过程中，个人或家庭成员的生命或者身体遭受各种损害，以及经济收入降低或者灭失的风险。家庭人力资本风险包含家庭成员的人身风险和失业风险。人身风险即人的生命或身体遭受损害的风险。人身风险又分为死亡风险、健康风险和长寿风险。失业风险即家庭劳动力非因本人意愿中断就业，导致的经济收入灭失的风险。具体如图 6-1 所示。

图 6-1 人力资本风险分类

从短期来看，一个家庭在某个时间段内是否发生人力资本风险事故是不确定的，但从长期来看，人力资本风险事件的发生是不可避免的。家庭财富中的资产主要来自家庭人力资本转化而成的资产和代际传承获得的资产，因此家庭财富管理与家庭人力资本风险息息相关。

6.2.4.1　死亡风险

死亡风险是家庭面临的最大风险。家庭成员死亡无疑会令家庭其他成员在精神上产生悲痛情绪以及压力。而从家庭经济角度来看，一方面，家庭成员死亡所导致的丧葬费用等是一笔额外支出；另一方面，家庭成员死亡，意味着其人力资本的灭失，即家庭未来预期经济收入的减少。因此，家庭的死亡风险是指家庭成员去世造成家庭其他成员未来生活水平的下降或原有财务目标无法实现的风险。如果家庭成员仅为一人的特殊家庭，且不存在代际抚养或赡养义务，那么这类特殊家庭不存在死亡风险。人的死亡无法避免，因此，存在死亡风险的家庭必须积极管理死亡风险。

6.2.4.2　健康风险

健康风险指的是家庭成员因疾病或残疾需要接受治疗、康复、照顾等给家庭带来的额外支出，以及同时造成的经济收入的减少或中断的风险。

健康风险具有以下特点：

（1）疾病风险对于每个家庭成员都无法回避。虽然当代医疗水平不断进步，但其主要关注疾病诊疗，仍然无法避免疾病的发生。另外，医疗水平发展虽然提高了疾病的治疗效果，但同时也增加了疾病的治疗费用。

（2）导致疾病和残疾的风险原因及风险因素复杂，难以控制。人类的疾病种类繁杂，每一种疾病又因个体差异而表现各异。遗传因素、环境因素、社会因素、生活方式、工作方式、精神压力、心理因素、意外事故等都可能导致健康风险。虽然近年来国内外医疗、运动、商业保险、社会保障等相关领域都提高了对健康管理的重视程度，也做出了各种尝试，例如，新加坡社会医疗保险机构推出的智能手环等，但健康风险仍然高发。

（3）健康风险尤其是重疾、残疾、失能风险会使家庭遭受收入损失和费用增加的双重威胁。一方面，疾病治疗、康复、护理等会增加家庭支出；另一方面，患病者劳动能力下降会降低其劳动收入，这种双向影响形成了家庭收支的"剪刀差"。如果患病者是家庭的主要收入者,则由此造成的家庭财务负担可能高于死亡风险。具体如图 6 - 2 所示。

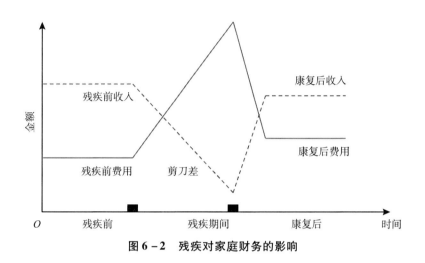

图 6 - 2 残疾对家庭财务的影响

6.2.4.3 长寿风险

人们都希望长寿,但长寿会给家庭带来更长期的消费需求,如果这些消费需求能够得到满足,那么长寿不会带来风险。因此,从家庭财富与风险管理的视角来看,长寿风险是指实际寿命超过预期寿命,导致养老资金储备不足带来的风险。个人和家庭在进行养老规划时,首先要根据预期寿命确定规划时长,预期寿命越长,所需要的资金规模也就越大。受限于家庭财富状况,养老规划的时长往往会按照地区或家庭平均寿命来确定,若实际寿命超过预期寿命,晚年可能会面临"老无所养"的风险。即使家庭财富充足,养老规划时常选择过长,也可能导致家庭财富的被动剩余。因此,长寿风险管理既涉及家庭财富管理策略又涉及科学的风险管理策略。

6.2.4.4 失业风险

失业风险即家庭劳动力非因本人意愿中断就业而导致的经济收入灭失

的风险。失业风险与劳动者拥有的技能和工作所处行业的发展密切相关。对于正常的劳动力来说，一般情况下失业是阶段性的，通过工作调整能够恢复就业，但可能发生收入的下降。当宏观经济处于下行阶段，家庭劳动力失业风险增加，同时资本市场低迷，市场收益率下降，导致家庭资本性收入下降，更严重的经济下行可能引发通货膨胀率的上升，导致消费支出的增加，此时这种双向影响也会形成家庭收支的"剪刀差"。

第7章

家庭财务分析与风险评估

7.1　家庭信息收集与分析

7.1.1　家庭信息收集的作用

第一，家庭基本信息可用来分析家庭风险状况。总的来看，每个家庭风险种类是一致的，但具体在每一类风险当中，不同的家庭的风险特征和风险大小是不一样的。

第二，家庭基本信息可以用来分析家庭的资产负债情况，以及家庭的收入与支出。例如，生命周期的前期，主要的财务目标是维持生活，也可能有一些大型的耐用品和其他的固定资产的需求；家庭到了成熟期以后，财务目标可能就转化成维持子女的教育或者是老年生活等。所以不同的生命周期阶段，财务目标是不一样的，家庭的资产情况和收支情况也会影响财务目标。

第三，家庭基本信息可以用来分析家庭的生命周期。家庭处在不同的生命周期阶段，财富管理的阶段性目标、收入来源、消费结构、人身风险状况、风险容忍度等都会有不同的表现。

第四，家庭基本信息可以用来分析家庭的决策特征。一个家庭的决策特征，例如风险偏好、时间偏好、消费惯性等不同，即使面对相同的外部环境，家庭所作出来的决策也会产生差别，这就导致了家庭决策的多样性。家庭基本信息反映了家庭经济决策的结果，因此可以通过家庭基本信息分析家庭的决策特征。

7.1.2 家庭信息收集的内容与分析

7.1.2.1 家庭成员年龄分析

第一，家庭成员的年龄决定了其在个人生命周期中所处的阶段，也可以辅助判断家庭生命周期所处的阶段（参见本书"理论篇"第2.2节）。

第二，收入水平与年龄相关。成年后，由于劳动者经验的增加及通货膨胀等因素，收入水平一般随年龄增长而增加，直至退休。

第三，家庭成员的风险偏好和时间偏好与年龄相关。有研究显示风险厌恶度随着年龄的增长而增加，个体引发的时间贴现率与年龄、认知能力呈负相关关系（即年长的人更富有耐心）（参见本书"理论篇"第1.1节）。

第四，人身保险产品定价与承保条件都与被保险人年龄相关，部分产品会对被保险人年龄进行限制。

7.1.2.2 家庭结构分析

家庭结构是指家庭中成员的构成及其相互作用、相互影响的状态，以及由这种状态形成的相对稳定的联系模式，包括家庭人口规模及各成员间的关系。家庭有不同的分类，按家庭的代际数量和亲属关系的特征分类是常见的家庭分类的方法，主要有以下几种家庭类型：

（1）夫妻家庭，只有夫妻两人组成的家庭。包括夫妻自愿不育的丁克家庭、子女不在身边的空巢家庭以及尚未生育的夫妻家庭。

（2）核心家庭，由父母和未婚子女组成的家庭。主干家庭，由两代或者两代以上夫妻组成，每代最多不超过一对夫妻且中间无断代的家庭，例如，父母和已婚子女组成的家庭。

（3）联合家庭，指家庭中有任何一代含有两对或两对以上夫妻的家庭，如父母和两对以上已婚子女组成的家庭或兄弟姐妹结婚后不分家的家庭。

（4）其他形式的家庭，包括单亲家庭、隔代家庭、同居家庭、单亲家庭等。家庭结构影响家庭的收入和消费特征、财富管理目标、风险承受能力以及需要的风险保障水平。

7.1.2.3 家庭成员教育程度分析

家庭成员的教育程度会对收入水平产生影响，更重要的是，教育程度会影响决策者的分析能力、金融素养、保险意识、风险管理意识以及对金融保险产品的理解程度。正如本书"理论篇"所论述的，家庭财富与风险管理决策非常复杂，依靠家庭成员进行决策需要较高的知识储备和分析能力。即使家庭依赖外部财富与风险管理服务，也需要理解服务机构推荐的方案及产品。相较于实物消费品，金融产品、保险产品属于无形产品，本质上是一种基于契约的服务，因此更为复杂。相关研究显示，教育程度越高的个体获取信息的能力和理解能力越强，对方案和产品的理解越透彻，接受程度也越高。同时，更充分和全面地理解信息之后，个体的保险意识和风险管理意识也会增强，其财富管理和风险管理的要求更加明晰。

7.1.2.4 资产情况分析

家庭资产情况会随着时间推移不断发生变化，因此需要定期进行家庭资产盘点，家庭财富与风险管理应该依据最新的家庭资产情况进行。家庭资产情况的分析有助于家庭财富分析和家庭风险评估。通过家庭实物资产分析不仅可以评估其风险，制定风险管理策略，也有助于确定保险标的投保险种、保险金额、免赔额等保险方案。通过金融资产分析不仅能评估金融资产风险，也可以推测家庭的风险偏好，更重要的是可以评估家庭的投资能力，并结合家庭整体财富与风险管理方案，有针对性地制定家庭投资策略。对无形资产进行分析的目的在于考察其价值和变现的能力。如果家庭拥有无限责任形式的企业，既要评估企业价值和盈利能力，更重要的是评估企业风险，尤其是企业债务风险对家庭的传导。此外，通过家庭资产分析也可以了解可用的家庭风险管理资源情况。

7.1.2.5　收入情况分析

收入情况分析既要分析家庭月收入、年收入的多少，也要分析收入来源的结构，从而预测未来家庭收入，评估家庭财富积累的能力，并以此为基础进行财务规划。更重要的是，家庭收入本身也存在风险，无论是工资性收入还是资本性收入，都可能因为各种原因导致收入的波动或中断，所以在家庭收入分析的过程中也要进行收入风险分析。研究表明，工资性收入风险较低的家庭往往愿意承担更大的投资风险。同样，工资性风险较高的家庭则不应承担过高的投资风险。此外，家庭风险管理会受到成本约束，家庭收入较高时，可用于风险管理的资金量也就越多，例如，实务经验和本书"理论篇"第4章均发现家庭的最优保险决策年缴保费占家庭年收入的10%左右。

7.1.2.6　支出情况分析

支出情况分析既要分析家庭月支出、年支出的多少，也要分析支出结构。支出情况分析可以用来预测家庭未来的支出，评估消费弹性、消费惯性、债务偿还压力等，用于确定家庭的财务目标及家庭财富与风险管理方案的制定。

7.1.2.7 财务自控力分析

拖延与自控力弱看似与家庭经济决策无关，但是这一因素会极大程度影响家庭对于所提供方案的执行能力与效果（参见本书"理论篇"第 1 章）。事实上，金融市场上很多产品和服务能够帮助家庭缓解财务自控力弱带来的困扰，例如，基金定投产品、封闭式基金、不可提前支取的存单、长期保险产品、信托产品等。但此类产品同时也具有流动性差的特点，因此需要评估家庭财务自控力，并根据家庭财富与风险管理的整体方案谨慎选择。

7.2　家庭财务报表

为了更加科学地分析家庭当前财务状况，可以借助家庭财务报表。家庭财务报表由家庭资产负债表、家庭利润表和家庭现金流量表构成，编制方式与企业财务报表大体相似，但在具体细节上有较大区别。

7.2.1　家庭资产负债表

家庭资产负债表反映家庭某一时点的财务状况。家庭资产是指家庭所拥有或者控制的能够带来未来经济利益，并且可以合理计量的资源。家庭负债是指由过去的交易或者事项而产生的，在未来向其他主体支付现金或者交付其他资产的现时义务，该义务的履行会导致未来经济利益的牺牲。净资产就是家庭总资产减去总负债之后的剩余的权益。家庭资产负债表中的具体项目如表 7 - 1 所示。

表7-1 家庭资产负债表

20××年×月×日 单位：元

资产	期末余额	负债	期末余额
现金		信用卡循环信用	
活期存款		网络消费信贷	
定期存款		分期付款余额	
货币型基金 T+0/1		短期消费负债合计	
流动性资产合计		汽车贷款	
股票		教育类贷款	
基金		期交保费余额	
理财产品		房产贷款	
大额存单/国债		其他长期负债	
应收款		长期负债合计	
黄金		家庭总负债	
信托产品			
具有投资功能的保险产品			
投资性房产			
艺术品/古董等			
实业投资			
其他投资			
投资性资产合计			
珠宝首饰			
自用汽车			
自用房产			
其他自用性资产			
自用性资产合计			
家庭总资产		家庭净资产	

7.2.1.1　家庭资产

家庭资产负债表的编制规则和企业资产负债表相似，资产端按流动性从高到低排列。由于家庭资产负债表的作用是辅助家庭财富与风险管理决策，因此计入资产的应该是具有较好变现能力或者较好清偿能力的资产，价值不高或难以变现的资产无须计入。将资产按照流动性排序的意义在于，有助于家庭对用于消费、偿债和应对风险的资金明确其来源。在不考虑融资的状况下，将资产按照流动性进行排序有利于家庭决策者在需要资金时，根据资产变现的速度和损失，做出合理决策。在考虑到融资的情况下，家庭决策者应该将融资成本、速度和资产变现的损失进行比较，选择成本最小的方式来满足家庭支付需求。

家庭流动性资产指的是在短期内（一般为一年）能够以合理价格快速变现且损失较小的资产。家庭流动资产包括现金、存款、货币型基金等。例如，余额宝就是一种货币型基金。根据赎回期限，金融产品可分为"$T+0$""$T+1$"…"$T+N$"等类型，N 为以工作日天数计量的产品赎回期限，"$T+0$"指当天可赎回的产品，赎回指令发出当天，持有份额可转换为货币资金到达账户，但并非实时到账。定期存款可以提前支取，但会产生利息损失，可以根据家庭需求采用特殊的存款策略降低利息损失，因此可以作为家庭流动性资产看待。家庭流动性资产主要用来满足家庭的支付需求。

家庭投资性资产包含变现金额不确定的金融产品（如股票、基金、理财产品等）、期限超过一年的长期投资（如大额存单、债券、黄金、实业投资、投资性房产和艺术品）、信托和保险产品。投资性资产的排序原则包括：第一，考虑期限或到期日。期限短、到期日临近的排列在上方，例如，银行销售的理财产品一般为封闭式基金，持有期间不能赎回，可按照到期日排序。第二，考虑风险。风险越高，变现时金额的不确定性较大的，排列在下方。第二，考虑家庭持有该项资产的目的和意愿。例如，持有投资性房产是否为了家庭成员未来使用，持有古董是否为代际传承，持有保险是否为了转移阶段性风险或者是否属于养老计划等。第四，考虑资产变现的困难程度。例如，实业投资中，若所投公司已经上市，其股票可在公开市场进行交易，流动性可能相对较好，若为非上市公司，所有权或股权转让一般非常困难，流动性相对最低。

家庭的自用性资产包含珠宝首饰、自用汽车和自用房产等。此类资产的特点是具体有较高价值，但家庭日常生活会使用，一旦被迫变现会影响家庭正常生活。所以，此类资产无论流动性如何，都应放在资产项的最下方。

家庭资产以公允价值计入资产负债表。公允价值是在公平自愿的交易中，交易双方真实了解资产价值的情况下，达成的交易价格。家庭资产中，股票的公允价值可以采用公开交易市场上前一天的收盘价，基金的公允价值可以采用实时公布的每份额价值与持有份额的乘积，存款和货币基金的公允价值可准确查询。投资性房产、艺术品的价值需了解市场行情并询价后进行估价。实业投资一般以企业账面价值为准，没有账簿的需要按企业价值评估方法估算。估计过程不可避免地会出现误差，按照谨慎性原则，在难以准确估计时应低估资产价值。

7.2.1.2　家庭负债

家庭负债按照偿还期限分为短期负债和长期负债。偿还期限不足一年的为短期负债，家庭短期负债形式主要有信用卡循环信用贷款、互联网信贷、大额消费品分期付款等。长期负债形式主要有汽车贷款、教育贷款、房屋贷款等。家庭负债以贷款余额计入资产负债表。以家庭资产作为抵押品或者以个人财产承担连带责任的经营性贷款，应该根据承担偿还义务的情况确认为家庭负债，当可能出现误差时，应按照谨慎性原则，适当高估负债。

7.2.1.3　家庭净资产

由于家庭和企业不同，不会采用复式记账方式记录家庭经济活动，因此，家庭净资产只能采用家庭总资产减去家庭总负债的方式得到。家庭净资产是家庭真正拥有的财富。

7.2.1.4　保险

保险是家庭风险管理的主要工具，同时由于保险必须在起保之前缴纳保费，因此按照权责发生制应该确认为资产，计入资产负债表。财产保险和短期人身保险保险期限最长为一年，虽然部分此类保险允许退保，可以按照报表日的退保费确认价值，但考虑到风险管理的必要性和谨慎性原则，建议此类保险不确认价值。储蓄型保险具有现金价值，以其资产负债表日的现金价值计入资产负债表。

保险对于家庭的意义不仅表现为其账面价值，因此家庭持有的保单应该单独整理记录。保单整理记录的用途有以下几种：第一，风险管理。保单的梳理可以明确家庭面临的所有风险中，有多少风险已经通过保险进行了转移，以及保险金额和剩余的保障期限。在此基础上分析尚未转移或不能转移的风险应如何应对，例如是否需要增加保额或风险储备金是否充足（详见第 8 章）。第二，出险后理赔。保单梳理后，家庭可以清楚哪些风险事故可以获得理赔，向哪一家保险公司索赔，被保险人、受益人是谁。尤其是人身险中投保人、被保险人、受益人为不同主体时，若被保险人或受益人不知情，一旦出险，不能及时通知保险人，则有可能无法得到赔付。第三，确定保单价值。具有现金价值的保单是家庭财产，但从法律上来看，保单的价值属于投保人。保险现金价值的提取会影响保单的风险保障程度，因此家庭要做出使用保单现金价值的决策时，应该同时考虑家庭风险管理造成的影响。如果家庭需要资金但不希望影响风险保障程度，可以向保险公司申请保单贷款服务。

7.2.1.5　信用额度

信用额度既不属于资产也不属于负债，无法计入资产负债表，但信用额度可以补充家庭的流动性。早期金融市场并不为家庭单位提供融资服务，但随着金融市场的发展，当前金融机构大力开发多样的个人信贷业务，并且为个人提供无抵押贷款授信额度。目前金融机构提供的无抵押贷款授信额度包括信用卡的额度和消费贷款额度。不同银行提供的信用卡信用额度和消费贷款额度存在差异，因此可以对家庭成员的信用卡数量和额度，以及消费贷款授信额度进行梳理和统计，从而了解家庭可以获得的流动性补充，必要时可解燃眉之急。但需要注意此类贷款有用途限制。

7.2.2　家庭利润表

利润表反映家庭一定期间的经济结余。利润表按权责发生制来确认收入、费用和利润。权利和责任一旦发生，就要记录到利润表当中，无论实际现金有没有发生支付。经济利益流入确认为收入，经济利益流出确认为费用。家庭利润表能够计量一定时间内家庭实际新增财富情况，相较于波动性强的月度利润表，年度利润表更加平稳，多用于长期财务规划。

家庭利润表分两部分计算利润：工作生活损益、资本性损益（如表7-2所示）。工作生活损益由家庭成员工资性收入减去生活成本得到。由于生活成本具有刚性和惯性，是维持家庭正常生活的必要支出，因此需要稳定的资金来源来满足。相较于资本性收入，工资性收入尽管受到行业影响，但金额相对稳定且持续性长，适合用于满足家庭日常消费支出，因此首先应该计算工作生活损益。资本性损益采用配比原则，由资本性收入减去资本性成本得到。资本性损益是家庭利润的另一个重要来源。

表 7-2　　　　　　　　　　　　　　家庭利润表

20××年×月×日

单位：元

项目	金额
一、工作生活损益	

续表

项目	金额
A. 工资收入	
B. 工资收入	
工资性收入小计	
能源及通信费	
日常生活开销	
消费型保险成本	
贷款利息费用	
其他生活成本	
生活成本小计	
工作生活利润	
二、资本性损益	
租金收入	
存款利息收入	
金融资产交易收入	
金融资产结转收益	
储蓄型保险收入	
经营性收入	
其他资本性收入	
资本性收入小计	
出租资产维护成本	
金融资产交易费用	
储蓄型保险成本	
资本性成本小计	
资本性利润	
三、其他利润	
四、资产增值/减值	
净利润合计	

7.2.2.1 家庭收入

家庭成员在工作、提供劳务、投资、让渡资产使用权（包括实物资产、知识产权等）、经营企业、获得遗产与赠与等活动中获得经济利益的流入就是家庭收入。家庭收入按照来源分为工资性收入、劳务收入、资产性收入、转移性收入等。工资型收入一般持续时间长，并且金额相对稳定，但失业风险可能会使工资型收入中断。劳务收入往往不固定，相对于工资性收入具有偶然性。一些特殊行业以劳务收入为主，并且比较稳定，其在家庭收入中的性质与工资性收入相同。财产性收入主要通过金融投资和实物资产出租等方式获得。家庭持有的股票、开放式基金等以市值计价的金融产品，按照权责发生制，应将报表日市场价格与初始买入价的差额确认为投资收益计入利润表。期限长于一年的金融投资，按照权责发生制，应将当年度产生的待结转收益计入当期收入。金融投资面临金融风险，而租金收入与租赁市场行情变动相关，因此都具有一定的波动性。经营性收入是家庭生产和经营所得。经营性活动与家庭经济活动相比更加复杂，因此应该单独核算，将经营性获得的净收入计为家庭经营性收入。经营性收入面临的风险更为复杂，与企业风险类似，因此一般会具有相对较大的波动性。转移性收入是通过获得遗产、接受赠与等行为得到的收入，其也具有偶发性。

7.2.2.2 家庭成本费用

家庭成本费用是家庭消费、购买保险、投资、融资、提供劳务、让渡资产使用权等活动中所发生的成本费用，即家庭经济利益的总流出。家庭成本费用主要分为生活成本和资本性成本。生活成本包括：水电费、燃气费等生活能源费用，手机、网络等通信费，日常生活开销，消费型保险成本，贷款利息费用，等等。资本性成本包括：出租资产的维护成本，股票交易费、基金申购赎回费等金融资产交易费用，储蓄型保险成本，等等。

保险的成本应该区分消费型保险与储蓄型保险，采用不同方式计算。

短期消费型保险直接以保费作为成本，长期消费型并且缴费期限与保障年限一致的，应将年交保费计为年度成本，如果长期消费型保险缴费期限与保障期限不一致的，应将保费分摊至每个年度，确认其成本。储蓄型保险，具有现金价值，但其累计缴费与现金价值的差额会经历一个由负到正逐年增加的过程，也就是说在投保前期，该类保险具有成本，经过一段时间则产生收益。按照谨慎性原则，可以在保缴费第一期的年度按照缴费与现金价值的差额记录成本，下一年度则将累计缴费与现金价值的差额与前一年度的成本进行比较，差额计为当期损益，后续年度依此类推。

7.2.2.3 其他利润

家庭经济活动比较复杂时可能产生工作生活利润和资本性利润之外的其他利润，例如，出售古董、艺术品、不动产等资产产生的利润，获得遗产或获赠与产生的利润、意外获得的奖金或奖品等。

7.2.2.4 资产增值/减值

家庭资产负债表中的实物资产因市场变化发生增值或贬值时，按照权责发生制应计入家庭利润表。例如，不动产价值的变化，汽车价值的变化，艺术品价值的变化等。

7.2.3 家庭现金流量表

家庭现金流量表记录的是一段时间内家庭真实的现金流入和流出情况（如表 7-3 所示），因此采用收付实现制。从家庭财富与风险管理的角度，可以将家庭经济活动分为工作生活、投资活动和风险管理活动。家庭现金流量表可以用家庭现金的流入和流出情况汇总说明家庭在一定期间内的工作生活、投资活动和风险管理活动。编制家庭现金流量表的目的是分析各项活动产生的现金流，同时辅助家庭流动性管理。

表 7 - 3　　　　　　　　　**家庭现金流量表**

20××年×月×日　　　　　　　　　　　　　　　　　　　单位：元

项目	金额
一、工作生活现金流	
A. 工资	
B. 工资	
消费贷款	
工作生活现金流入小计	
生存型消费	
发展型消费	
享受型消费	
偿还消费贷款本金及利息	
工作生活现金流出小计	
工作生活现金净流量	
二、投资活动现金流	
租金	
存款利息	
卖出金融资产	
资产性现金流入小计	
出租资产维护	
存款	
买入金融资产	
资产性现金流出小计	
投资活动现金净流量	
三、风险管理活动现金流	
保险赔付或给付	
其他赔偿	
风险管理活动现金流入小计	
缴纳保费	

续表

项目	金额
意外事故支出	
风险管理活动现金流出小计	
风险管理活动现金净流量	
四、经营性活动净现金流	
现金及现金等价物增加额	

　　家庭工作生活相关的现金流入主要包括工资等劳动收入和消费贷款产生的现金流入。工作生活相关的现金流出包括各类家庭消费和偿还消费贷款本金及利息产生的现金流出。家庭保有财富最终目的是用来消费，从而获得消费效用。按照满足居民生活的层次，可将消费划分为生存型消费、发展型消费与享受型消费。生存型消费是补偿劳动者必要劳动消耗所必需的消费，通常包括吃、穿、住等，属于刚性消费；发展型消费是扩大生产所必需的消费，通常包括教育、交通通信、医疗保健等，家庭通过教育、通信等方式提升人力资本，进而达到扩大生产的目的；享受型消费是指提高劳动者生活水平、满足人们享乐需要的消费，通常包括娱乐文化服务、家庭设备用品、耐用消费品支出、其他商品和服务等。

　　家庭投资活动现金流入包括租金收入、存款利息以及卖出金融资产产生的现金流入。投资活动的现金流出包括出租资产维护产生的现金流出、存款以及买入金融资产产生的现金流出。

　　家庭风险管理活动产生的现金流入主要包括发生保险事故或按照合同约定收到的保险赔付或给付，以及由其他责任人支付的赔偿。风险管理活动产生的现金流出包括购买保险缴纳的保费，以及发生家庭因意外事故产生的额外支出等。

　　如果家庭存在经营性活动，应该单独核算其相关现金流，仅将经营活动给家庭带来的净现金流计入家庭现金流量表。如果家庭利用杠杆进行投资，因为此种行为风险过高，可将其视为经营性活动。

7.3　家庭财务分析

在得到家庭的财务报表后，可以借助一些家庭财务指标对家庭财务状况进行分析。对于家庭金融与风险管理来说，我们主要关心两个方面的指标。一方面，是家庭财务安全指标；另一方面，是家庭金融投资指标。

7.3.1　家庭财务安全指标

本书根据家庭财务特点参考企业财务指标构造以下家庭财务安全性指标，包括生活支出比率、资产负债率、财务负担率、风险储备金率、保障型保险保费支出比率。

7.3.1.1　生活支出比率

生活支出比率＝生活年支出/年收入，生活年支出即为年度现金流量表中的"工作生活现金流出"，年收入为年度家庭现金流量表中计算得到的年度总现金流入，既包含工资性现金流入，也包含资产性现金流入。生活支出比率衡量的是家庭收入覆盖日常生活性支出的程度。对于中等收入家庭来说，40%～60%是比较合理的指标，低收入家庭的比例相对会更高，高收入家庭的比例相对更低。该指标小于1，即表明家庭收入除了覆盖日常生活性支出以外，还有结余资金可用作风险保障或者进行投资增值。该指标越低，说明家庭保证日常生活水平的安全性越高。

7.3.1.2　资产负债率

资产负债率＝总负债/总资产，其中总负债、总资产可以从家庭资产负债表中得到。家庭资产负债率用来衡量家庭总体债务负担及总体财务安全性。在企业中，资产负债率用以衡量企业利用债权人提供资金进行经营活动的能力，适度负债有利于提高股东每股收益，同时企业虽然会由于负债而承担风险，但最坏的结果是企业破产。相比之下，在我国法律体系还不存在家庭或个人破产。因此，过高负债对于家庭来说带来的风险远高于企业。从安全性角度考虑，一般认为家庭资产负债率在 60% 以下是合理区间。在家庭资产规模较大或家庭成员收入风险较低的情况下，家庭可承担的负债风险相对大一些，即资产负债率可适当提高，但需要结合财务负担率指标进行分析。

7.3.1.3　财务负担率

财务负担率 = 偿还本金和利息额/现金流入合计，偿还本金和利息额与现金流入合计可以在家庭现金流量表中获得。一般来讲家庭财务负担率在 30% 以下比较合适，超过 40% 警戒线，家庭借债的负担就过于沉重。当然，财务负担率仅反映家庭的财务风险，从家庭整体风险管理的角度来看，家庭人力资本风险、金融风险等较低的情况下，可以适度提高财务负担率。

一般来看，影响家庭财务负担率的主要为住房贷款，但随着消费信贷的发展，家庭利用消费信贷越来越便捷，当家庭过度依赖消费信贷时，消费信贷的偿还也会对家庭财务负担率造成较大影响。如果不能及时偿还贷款，借款人的信用会下降，再融资困难，进而影响到家庭未来的消费能力和流动性。如果贷款无法偿还，则会面临抵押物被收回，家庭正常生活可能会受到影响。此外，违约还可能导致诉讼。因此，家庭需要通过资产负债率和财务负担率指标的分析，合理控制贷款额度和期限，在理性消费的同时注重家庭财务的流动性管理。

7.3.1.4　风险储备金率

风险储备金率分为流动性风险储备金率和长期风险储备金率。

流动性风险储备金率＝流动性资产/月工作生活现金流出，"流动性资产"可以在家庭资产负债表中获得，"月工作生活现金流出"可以通过年度家庭现金流量表中获得。该指标描述家庭利用流动资产应对风险的能力。

正常情况下家庭使用工作生活现金流入来支付工作生活的现金流出，但是当风险发生时这种平衡可能被打破。打破平衡的表现主要有两种：第一种情况是家庭成员失业或由于健康等原因导致收入下降，此时通过流动性风险储备金率可以考察家庭依靠流动资产维持正常生活的时间长度。第二种情况是家庭发生风险事件导致损失或大额支出，此时可以通过此指标考查家庭以流动资产应对大额非预期损失的能力。对于家庭财务安全性来说，流动资产越多越能应对突发或意外事件带来的损失，财务安全性越好，但同时满足期限短和风险低的流动性资产显然不可能享受高收益率，也就是说，放在流动资产账户的家庭财富无法获得高投资收益，即流动资产存在机会成本。家庭流动性资产过少，应对风险的能力会受到威胁，流动资产过多又会影响家庭投资效率，所以，流动资产须保持在合理范围内。一般来看，该比率应为 25% ~ 60%，合理值与家庭剩余风险成正比（具体将在本书第 8 章中讨论）。

当家庭遇到极端风险事件，流动资产不足以应对时，可能需要将部分长期资产进行变现。因此可以采用"长期风险储备金率"来评估家庭采用长期资产应对极端风险的能力。长期风险储备金率＝投资性资产/年工作生活现金流出。"投资性资产"可以从家庭资产负债表中得到，"年工作生活现金流出"可以从家庭现金流量表中得到。家庭长期资产包括投资性资产和自用性资产，自用性资产变现会影响家庭正常生活，因此能够应对极端风险的长期资产主要是家庭投资性资产。长期资产快速变现时会产生损失，流动性越差的长期资产损失越大。因此，计算"长期风险储备金率"时，也可以将投资性资产中流动性非常差的资产减去，例如非上市企业的股权等。如果家庭没有保险保障时，长期风险储备金率一般应为 10 左右。家庭保险保障越充分，该指标可以越低（具体将在本书第 8 章中讨论）。

7.3.1.5　保障型保险保费支出比率

保障型保险保费支出比率＝保障型人身险年保费/年工资性收入，用来衡量购买的保障型保险的充足程度，或者用来估算保障型保险购买的预算金额。保障型保险保费支出比率经验性取值一般为 5%～15%。即长期以来被保险销售界普遍使用的"双十定律"中"家庭总保费支出占家庭年收入 10% 为宜"。通过本书第 4 章的理论研究可以对"双十定律"做以下说明：第一，只有当保费支出包含附加保费并且附加费率为 20% 时，家庭生命周期最优消费决策路径下的保费支出比率约为家庭收入的 10.2%，当附加保费率增加时，最优保费支出比率将增加。第二，"双十定律"中的家庭总保费支出，仅包括保障型保险保费支出。投资型保险属于家庭长期资产，其保费的资金来源并不仅仅是当期家庭收入，更多的是家庭以前的财富积累，因此将投资性保险年交保费与家庭年收入进行比较不具有合理性。第三，"双十定律"中的家庭年收入应为家庭年工资性收入，不应包含家庭资本性收入。工资性收入越高的家庭面临的各类纯粹风险通常越高，而纯粹风险与家庭资本性的相关性较低。保障型保险是转移家庭纯粹风险的主要手段。因此，从家庭风险管理的角度，保障型保险保费支持与家庭工资性收入应该具有正相关性。从理论上看，本书第 4 章研究也支持了这一结论。

7.3.2　家庭金融投资指标

为了分析家庭财富管理的效率，本书采用以下五个家庭金融投资指标，分别是：总投资比率、低风险投资比率、高风险投资比率、总投资收益率和财务自由度。

7.3.2.1　总投资比率

总投资比率＝资产性现金流出/年现金流入。该指标用来评估家庭财富积累的情况。一般来说，合理范围在20%～60%，既保证有足够的资金用以投资，以满足家庭未来消费需求，也要保障家庭正常生活所需的当期消费需求。因此，家庭总投资比率主要受家庭收入、当期财务负担、家庭生命周期、未来财务目标的影响。

收入越高的家庭，满足日常消费需求的资金占家庭收入比例越小，因此总投资比率越高。当期财务负担较重的家庭，能够用来投资的资金相对少，因此总投资比率较低。处于不同生命周期的家庭总投资比率存在差异。例如，处在家庭生命周期中段的家庭，一般会面临上有老下有小的压力，老年人健康风险较大，子女教育支出也不容忽视，因此处在此阶段的家庭可能需要更多的当期消费和更多的流动性资产，因此总投资比率相对较低；中年以后子女独立而自己尚未退休时，资金往往比较充足，并且需要为退休生活做资金积累，总投资比率相对较高。家庭的总投资比率还受到家庭未来财务目标的影响。家庭未来财务需求越大，当期就需要保留更多资金用于投资增值，因此总投资比率相对较高。

7.3.2.2 低风险资产比率

低风险资产比率＝低风险投资性资产/总投资性资产。该指标反映家庭投资组合中低风险资产的占比，该指标与家庭的风险偏好和风险容忍度有关。一般占总资产的40%～60%。家庭投资常见的低风险资产类型包括养老金、教育金、分红型保险、低风险理财产品、实物黄金等，此类资产投资的目的是保本增值，以实现家庭未来特定的财务目标。

7.3.2.3 高风险资产比率

高风险资产比率＝高风险投资性资产/总投资性资产。该指标反映家庭投资组合中高风险资产的占比，该指标与家庭的风险偏好和风险容忍度有关。一般占总资产的30%～50%。家庭投资常见的高风险资产类型包括股票、基金、企业债券、金融衍生品、艺术品等收藏品、投资性不动产等。

7.3.2.4 总投资收益率

总投资收益率采用历史数据进行测算，结果与当年实际投资收益情况相关，是家庭当年所有用来投资的生息资产获得的总体收益率，可以用来衡量家庭投资的效率。家庭总投资比率受经济周期和资本市场影响较大，一般在 3%～10%。该指标也会受家庭风险偏好、风险容忍度、家庭金融素养、家庭所在地区的金融产品供给等多种因素影响。如果该比率过低，说明家庭资产投资效率较低或风险程度不足，该比率过高，则反映该家庭可能承担了过度的投资风险。

总投资收益率指标可以通过以下两种计算方法得到。

算法一：总投资收益率 = 生息资产利润/平均生息资产。

生息资产是所有能产生收益的资产，既包括具有投资收益的金融资产，也包括投资性实物资产。生息资产利润可以在家庭利润表中获得。平均生息资产等于家庭资产负债表中期初生息资产与期末生息资产的平均值。

算法二：总投资收益率 = $\sum$ 生息资产的年化收益率 × (生息资产/总生息资产)。

本算法以家庭各类生息资产的年化收益率的加权平均值作为家庭总投资收益率，适用于家庭长期财务规划。如果采用该指标进行投资规划，需要注意的是对未来生息资产的收益情况进行估计时，每一项生息资产的收益率都要谨慎评估，要充分考虑未来的经济走势、市场状况和家庭投资能力，而不能简单依赖历史数据进行估计。

7.3.2.5 财务自由度

财务自由度 = 年生息资产利润/年生活性现金流出小计，反映家庭利用资本性收益覆盖生活性支出的能力。如果财务自由度大于等于 100%，即家庭的投资收入完全可以满足家庭日常开支需要，无须动用工资、奖金等薪资收入，即使家庭经济支柱突然失业或遭遇意外收入中断，家庭生活也不会受较大影响。若财务自由度很低，表明家庭支出主要依赖工资性收入。因此，财务自由度指标并不反映家庭使用资金的"自由"程度，而是从另一个角度反映家庭生活性支出对工资性收入的依赖程度，即"工作自由度"。但需要注意的是，财务自由度这个指标中，分母为生活性现金流，只覆盖了刚性需求，意外事故的支出并不包含在内，而生息资产利润是一个有风险的利润，受到市场波动的影响，用有风险的利润覆盖刚性支出，本身就是一个风险巨大的行为。因此，财务自由的指标仅是家庭金融管理指标，并没有考虑家庭风险，不能单独使用。

7.4 家庭风险评估

7.4.1 家庭风险评估的定义和方法

风险评估就是对风险进行描述，包括风险的大小与特征等，可进行定量描述和定性描述。

定量描述即风险度量，风险度量是在识别风险的基础上，运用概率论和数理统计等方法，对风险进行定量描述和分析。在一维指标中，最常用的是标准差，用于描述随机变量每个可能值与期望的偏离程度，即随机事件的离散程度。在险价值（Value at Risk，VaR）是对应于给定的置信度水平，风险事件在未来特定的一段时间内所遭受的最大可能损失，该指标主要关注风险的尾部。偏度，即随机事件概率分布的三阶矩，是统计数据分布非对称程度的数字特征，度量统计数据分布偏斜方向和程度。若偏度为0，两侧尾部长度对称；若偏度不为0，左右两侧不对称（偏度大于0为右偏分布，偏度小于0为左偏分布）。峰度，即随机事件概率分布的四阶矩，描述概率分布尾部的厚度，对于纯粹风险来说，尾部厚意味着大损失发生概率相对于正态分布来说更大。对纯粹风险的描述要从风险事件发生的概率和损失程度两个维度进行，再将两个维度进行组合，组合的方法包括规范的数学计算和蒙特卡罗模拟等数值计算。

对于家庭风险评估来说，很多情况下无法得到足够的历史数据，一般可以采用定性的风险评估方法或用定量定性相结合的方法来进行评估。风险评估矩阵是应用最多也最简单的一种定性评估方法。风险评估矩阵由风险事件发生的概率和风险事件损失严重程度这两个维度组成，再分别用自然语言对两个维度进行分级描述，风险事件发生概率可用不可能、很少、偶然、很可能、经常等来描述，而损失程度可用可忽略的、中等的、重大的、灾难性等来描述，由此形成二维矩阵，两个维度的交叉点就是某风险事件的评级（如表 7 - 4 所示）。对家庭风险进行识别和评估后，可对风险进行排序，按照轻重缓急配置风险管理资源，做出风险决策。

表 7 - 4   风险评估矩阵

事件概率	事件严重程度			
	可忽略的	中等的	重大的	灾难性的
不可能	低级	低级	低级	中级
很少	低级	低级	中级	高级
偶然	低级	中级	高级	高级
很可能	低级	中级	高级	极高级
经常	中级	高级	极高级	极高级

家庭在做出风险管理决策前需要对已经识别出的风险进行评估。标准的定量风险评估需要历史数据的积累，并且假设历史与未来风险状况基本保持不变。家庭生命周期的变化和个人生命周期的变化显然无法满足这一假设。弥补历史数据不足的风险度量方法是依赖外部数据，即借助相似风险主体的损失数据，并进行修正后再用来进行风险度量。例如，借助所在

地区的生命表评估家庭成员的生命风险。定量化的风险度量方法需要专业技术和数据，并且不可避免地会产生成本。然而我们是否可以省去风险评估这一环节呢？答案是"不能"。正如本书第1章介绍的行为经济学和脑科学研究所揭示的，人类在面对风险决策时，大脑会首先对风险进行判断，如果无法获得专业、客观的风险评估，大脑会根据自身的判断机制来"评估"风险，这种判断不可避免地会产生偏差，从而影响家庭风险管理决策的有效性。因此，实务中应尽可能利用专业技术和客观信息采用具有可操作性的定性和定量的家庭风险评估方法帮助家庭评估风险。通过这些方法对各类家庭风险进行系统的评估，是为了达到以下目的：第一，对各类风险的大小进行排序；第二，合理分配有限的风险管理资源；第三，评估是否需要投保，确定投保的保险金额；第四，避免冲动的投资决策和保险决策；第五，估计风险储备金的数量。

7.4.2　不同类型家庭风险的评估

家庭面临的风险包含实物资产风险、法律责任风险、金融资产风险和人力资本风险。各类风险具有自身特点，具体评估方法如下。

7.4.2.1　实物资产风险评估

实物资产风险属于纯粹风险，需用从风险事件发生的概率和损失程度两个维度进行评估。受到成本和可获取信息的限制，家庭实物资产风险一般可采用风险评估矩阵进行主观评估。评估实物资产风险事件的发生频率时应尽量搜集客观数据结合资产情况对主观概率进行修正，以防止产生过大的有限理性偏差。实物资产的损失程度可采用市场价值法、替代成本法、替代成本减折旧法估计。为了不降低家庭生活质量，应尽量采用替代成本法。

7.4.2.2 法律责任风险评估

家庭法律责任风险属于纯粹风险，可以采用风险评估矩阵进行评估。评估过程中需要考虑法律体系及相关法规、自身履行责任可能存在的缺陷等，在此基础上评估责任事故发生的概率、一旦发生责任事故后的赔偿程度。

7.4.2.3 金融资产风险评估

家庭金融资产风险评估可以借助金融风险评估方法。受到技术和数据的限制，家庭金融资产评估应注意以下方面。

（1）可以充分利用监管机构及金融机构公开披露的数据和指标。例如，通过保险公司、银行披露的偿付能力情况和信用评级、债券发行方等交易对手披露的信用评级、投资产品担保情况等对家庭金融资产的信用风险进行评估。通过金融产品发行过程中提供的风险等级、收益波动的速度和范围对家庭金融资产的市场风险进行评估。通过 GDP 增速、货膨胀率、利率波动等对宏观经济风险、系统性风险进行评估。

（2）关注商业银行和保险公司破产对家庭的影响。商业银行存在资不抵债导致破产的可能，为了保护储户的利益，我国建立了存款保险制度。根据《存款保险条例》规定，存款保险实行限额偿付，最高偿付限额为人民币 50 万元，同一存款人在同一家投保机构所有被保险存款账户的存款本金和利息合并计算的资金数额在最高偿付限额以内的，实行全额偿付；超出最高偿付限额的部分，依法从投保机构清算财产中受偿，所以在参与存款保险制度的某一银行账户中 50 万元存款可视为无风险资产，而 50 万元以上的资产，家庭投资者要持续关注银行的信用评级和偿付能力变化。

保险公司也存在资不抵债导致破产的可能，为了保护投保人和被保险人的利益，我国建立了保险保障基金。《保险保障基金管理办法》（2022 年修订）第十五条规定："保险公司应当及时、足额将保险保障基金缴纳到保险保障基金公司的专门账户。"第十六条规定："有下列情形之一的，可以动用保险保障基金：（一）保险公司被依法撤销或者依法实施破产，其清算财产不足以偿付保单利益的；（二）国务院保险监督管理机构经商有关部门认定，保险公司存在重大风险，可能严重危害社会公共利益和金融稳定的；（三）国务院批准的其他情形。"第二十条规定："保险公司被依法撤销或者依法实施破产，其清算财产不足以偿付保单利益的，保险保障基金按照下列规则对财产保险、短期健康保险、短期意外伤害保险的保单持有人提供救助：（一）保单持有人的保单利益在人民币5万元以内的部分，保险保障基金予以全额救助。（二）保单持有人为个人的，对其保单利益超过人民币5万元的部分，保险保障基金的救助金额为超过部分金额的90%；保单持有人为机构的，对其保单利益超过人民币5万元的部分，保险保障基金的救助金额为超过部分金额的80%。"第二十二条规定："被依法撤销或者依法实施破产的保险公司的清算资产不足以偿付人寿保险合同保单利益的，保险保障基金可以按照下列规则向保单受让公司提供救助：（一）保单持有人为个人的，救助金额以转让后保单利益不超过转让前保单利益的90%为限；（二）保单持有人为机构的，救助金额以转让后保单利益不超过转让前保单利益的80%为限；（三）对保险合同中投资成分等的具体救助办法，另行制定。除人寿保险合同外的其他长期人身保险合同，其救助标准按照人寿保险合同执行。保险保障基金依照前款规定向保单受让公司提供救助的，救助金额应当以保护中小保单持有人权益以维护保险市场稳定，并根据保险保障基金资金状况为原则确定。"第二十六条规定："保险公司被依法撤销或者依法实施破产的，在撤销决定作出后或者在破产申请依法向人民法院提出前，保单持有人可以与保险保障基金公司签订债权转让协议，保险保障基金公司以保险保障基金向其支付救助款，并获得保单持有人对保险公司的债权。清算结束后，保险保障基金获得的清偿金额多于支付的救助款的，保险保障基金应当将差额部分返还给保单持有人。"因此，按照目前的法律规定，个人持有的保单面临承保公司破产风险时，有可能遭受保单利益的损失。多年以来，虽然我国存在保险公司破产的情况，但得益于保险保障基金制度以及相关规定的保护，保险客户的保单利益并未受损。然而从法律的角度来看，家庭持有保单仍应持续关注承保公司的信用评级和偿付能力变化。

（3）关注金融、保险产品合同中的承诺收益率，区分宣传中的非承诺收益率。金融、保险产品本质上都是金融保险机构提供的一种服务，并且购买金融保险产品实际是以合同的形式确认双方的权利义务。因此，家庭在购买金融、保险产品时必须注意合同中是否有承诺收益率，此部分收益率不承担市场风险，但需要承担金融机构的信用风险。对于产品宣传中的非承诺收益率，例如基金或信托产品的业绩比较基准、万能险或分红险保单的现行结算利率等。这些宣传中使用的收益率，不会通过合同进行承诺，不是预期收益率，但会对投资人产生预期收益的心理暗示。投资者或投保人应当清楚此类产品面临的各类金融风险，这些产品的实际收益率会受到机构投资能力、资本市场环境、宏观经济环境等多种因素的影响，其收益率波动的风险需要由投资人或投保人承担。

7.4.2.4 人力资本风险评估

家庭人力资本风险包含家庭成员的人身风险和失业风险。人身风险又分为死亡风险、健康风险和长寿风险。下面将对家庭各类人力资本风险的评估方法进行讨论。

（1）死亡风险评估。死亡风险属于纯粹风险，需要从损失频率和损失程度两个维度来进行评估。影响死亡风险损失频率的因素主要有身体健康情况、工作环境、出差情况、特殊爱好（尤其是高风险活动）、工作稳定程度、当地人均寿命等。一般来说，身体健康状况越好，工作环境越安全，不常接触高风险活动，死亡风险越低。死亡发生概率可以借助统计数据，例如，生命表，但由统计数据得到的生命表中的死亡率反映的是当地某一时期的平均情况，而非某个人的未来的死亡概率，因此，个人的死亡概率可以根据生命表再结合影响死亡风险的个人及环境因素进行综合判断。死亡风险损失程度可以通过生命价值法和家庭需求法来测算。

尽管从社会学的角度来看，每个家庭成员的生命都是无价的，从社会关系来看，每个人与他人建立起来的精神和情感纽带也是很难用金钱衡量的。但是从经济学角度来看，为了进行死亡风险的评估，必然要对死亡的损失程度进行度量，因此，首先需要解决人的生命价值是否可以用货币来衡量的问题。1924年，美国保险学教授侯百纳（S. S. Huebner）提出了人的生命价值理论，该理论认为，人的生命价值是指个人未来收入或个人服务价值扣除个人衣、食、住、行等生活费用后的资本化价值（现值）。生命价值理论在一定程度上解决了如何衡量人的生命经济价值（或生命价值）的问题。一个人的死亡意味着他的生命价值灭失，因此可以采用生命价值理论度量一个人死亡风险的损失程度，这种方法即为生命价值法。

采用生命价值法度量死亡风险损失程度的步骤为：第一，确定被评估人的工作或服务年限；第二，估计被评估人未来工作期间的预期年收入；第三，从预期年收入中扣除税收及本人消费，得到净收入；第四，选择适当的贴现率计算预期净收入的现值，即为生命价值。

人的生命价值可能因早逝、残疾、疾病、退休或失业而丧失，任何影响个人收入能力和工作年限的事件都会影响人的生命价值。另一个影响人的生命价值的因素是个人的生命周期。一般来说，一个人成年后初次就业时，未来潜在收入的现值最大，此时生命价值最高；随着潜在收入转化为实际收入，生命价值逐渐减小。虽然不同的人具有不同的预期收入和预期消费，故此不同的人具有不同的生命价值，但人的生命价值变化的总趋势是一样的。

家庭需求法通过评估家庭对被评估人经济贡献的需求程度来判断家庭成员死亡风险给家庭造成的损失程度，即计算某个家庭成员发生不幸后会给家庭未来带来的现金流缺口的现值。具体计算方法是：第一，假定某个家庭（主要）收入者发生不幸；第二，计算家庭遗属未来每一年的现金流缺口；第三，选择适当的贴现率将每一年的现金流缺口贴现；第四，将未来每一年现金流缺口现值加总。

需要注意的是计算生命价值是不需要考虑家庭的生息资产，而采用家庭需求法时，家庭未来的现金流入必须包括家庭所有生息资产产生的净收益。

（2）健康风险评估。健康风险指的是家庭成员因疾病或残疾需要接受治疗、康复、照顾等给家庭带来的额外支出，以及同时造成的经济收入的减少或中断的风险。疾病和残疾风险都会使家庭遭受收入损失和费用增加的双重威胁，因此可以通过对家庭成员患病或残疾后对家庭现金流的影响进行估算，再采用家庭需求法来评估健康风险的损失程度。健康损失风险的损失频率可基于疾病发生概率、残疾概率等客观统计数据，结合家庭成员健康情况、遗传因素、运动和生活习惯等个人因素和工作、环境、医疗条件等外部因素综合进行评估。

（3）长寿风险评估。长寿风险是指实际寿命超过预期寿命，导致养老资金储备不足带来的风险。其损失频率为超过预期死亡年龄的生存概率。因此家庭在进行养老规划时选择的预期寿命是长寿风险的主要影响因素。养老规划使用的预期寿命越长，长寿风险越小，但同时需要的养老资金也就越多，给家庭带来的财务压力也就越大。另外，采用的预期寿命过长也会被迫留下遗产，降低家庭生命周期的总效用。因此长寿风险的评估应与家庭养老规划相结合。长寿风险的损失程度为超过预期死亡年龄的生存年限内所需的基本生活费用及其他消费支出。具体计算将在本书第 8.5 节中讨论。

（4）失业损失风险评估。失业风险即家庭劳动力非因本人意愿中断就业，导致的经济收入灭失的风险。失业风险属于纯粹风险，需要从两个维度进行评估。失业风险的损失程度与失业期间长度和原有收入情况有关。原有收入水平越高，失业风险的损失程度越大；失业期间越长，失业风险损失程度越大。失业期间长度指从失业到再就业的时间间隔，因此其与失业者自身能力、求职的要求、行业发展趋势、经济周期等相关。

　　失业风险发生的频率与劳动者能力、行业发展趋势、经济周期等因素有关。一般来讲，如果某行业处在上升周期，那么该行业的劳动者失业风险发生概率通常较低，收入波动风险通常也比较小；如果某行业是处于下降周期，那么该行业的劳动者收入波动风险大，失业风险也会增加。

　　我国在社会保障体系中的设置了失业保险制度，失业保险制度是依法筹集失业社会保险基金，对因失业而暂时中断劳动、失去劳动报酬的劳动者给予帮助的社会保险制度。其目的是通过建立社会保险基金的办法，使员工在失业期间获得必要的经济帮助，保证其基本生活，并通过转业训练、职业介绍等手段，为他们重新实现就业创造条件。如果家庭成员参保了失业保险，则可以降低失业风险。但需要注意的是，失业保险制度仅保障失业劳动者本人的基本生活水平，若家庭唯一劳动者或主要劳动者失业导致全部收入中断或大幅下降，失业劳动者领取的失业保险金将难以维持家庭所有成员的基本生活。

第 8 章
家庭金融与风险整合管理

家庭投资决策中的窄归集（narrow framing）是指家庭或个人在做出投资决策时，将注意力限定在单一账户或单一投资选项上，而忽略整体财务状况或多个投资组合的综合影响。窄归集可能导致投资决策偏离最优策略，影响家庭财富的长期增值。事实上，如前文所述家庭金融决策与家庭风险管理决策应该同时进行，而单独进行家庭金融决策或风险管理决策也属于窄归集行为。只有通过整合家庭所有的财务目标和投资账户以及风险管理目标与风险管理决策，采取全面的金融与风险管理整合规划策略，才能确保资产配置和风险管理符合家庭的总体需求和风险承受能力，从而更接近理论上得到的家庭全生命周期总效用的最大化。本章将在理论篇研究成果的基础上，结合实务中主要面临的窄归集问题，提出家庭金融与风险整合管理理念，并讨论家庭金融与风险整合管理中的技术方法。

8.1 家庭金融与风险整合管理的特点

由本书"理论篇"的研究内容和"实务篇"对于家庭财富与风险的分析可以发现，家庭金融管理与家庭风险管理具有以下特点：

第一，家庭风险种类多样，家庭财富种类复杂。

第二，家庭风险管理是家庭财富管理的基础。风险储备性财富是家庭财富中的一部分，是家庭风险管理决策的结果。

第三，家庭财富本身，无论是消费性财富还是资本性财富都面临风险，因此需要风险管理。

第四，不考虑家庭风险管理的财富管理在现实中是危险的、不合理的，不全面的，在理论中则是无法实现家庭生命周期总效用的最大化。

第五，家庭金融和风险管理方式既具有共性又具有个性。共性指的是不同家庭中财富和风险的种类相似，家庭金融和风险管理决策的方法相同。而个性是指家庭决策者的风险偏好、时间偏好、消费惯性、财富与收入水平、金融管理目标、风险管理目标、金融素养、保险意识、认知水平等具有各自的特点，使得不同家庭的金融与风险管理决策千差万别。

第六，与家庭的外部环境相关。家庭的外部环境决定了家庭各类风险的大小。某一区域的治安水平、交通状况、医疗状况，甚至金融环境都会影响家庭风险。以金融环境为例，若某地金融环境越好，能够选择的金融工具就越多，管理的效率可能就越高。

第七，动态性。家庭风险随着外部环境和家庭生命周期的变化而变化。不同家庭生命周期变化的差异是风险差异产生的原因之一。任何一个家庭都会从青年到老年不断变化，也就意味着其财富和风险管理的方案需要随着时间和环境的变化不断进行调整，做出最优决策。

家庭金融与风险管理的特点决定了家庭必须将金融决策与风险管理决策纳入整合管理框架同时进行，并且如此多样、复杂且动态的决策必须依靠专门的理论和技术。

8.2　家庭风险管理目标设定与实施

管理是指在特定环境条件下，通过管理措施，对组织所拥有的资源进行有效利用，以期高效地达到既定组织目标的过程。因此管理的两个核心问题是组织目标的合理设定以及采用何种管理措施。家庭风险管理中，同样需要首先明确家庭风险管理的目标，为风险管理方案制定和实施指明方向；其次，需要选择有效的风险管理措施形成家庭风险管理方案；再次，应当通过敏感性分析和压力测试对风险管理方案其进行评估；最后，应讨论风险管理方案需要调整的情况。

8.2.1 家庭风险管理目标设定

家庭风险既包括纯粹风险也包括投机风险。家庭投机风险管理的目标与一般投机风险管理目标一致，都是单位风险收益最大化。家庭纯粹风险管理的目标则和企业或其他组织的纯粹风险管理目标略有不同，这是由于家庭决策还需要满足"人"的心理需求。

家庭纯粹风险管理的目标包括损前目标和损后目标。风险事件发生之前家庭风险管理需要实现的目标称为损前目标。家庭风险管理的损前目标包括以下两个方面：

首先，是安全水平目标，家庭风险管理应该通过风险控制措施达到一定的安全水平，满足家庭（个人）的基本安全需求，以减轻家庭成员对风险事件的担心和忧虑，使其保持平和的精神状态。每个家庭基本的安全需求会因为其风险偏好的不同而表现出明显不同，极度厌恶风险的家庭对基本安全水平的要求就会非常高，而风险喜好的家庭其基本安全水平的要求相对会比较低，所以安全状况目标应当与家庭的风险偏好特征相匹配。

其次，是经济合理的目标，即家庭风险管理要考虑风险管理成本，理论上最优的家庭风险管理决策应该实现风险成本的最小化。

当家庭面临纯粹风险时，由于纯粹风险并不能带来收益，因此应尽量降低纯粹风险的承担。然而降低纯粹风险的措施必然增加风险管理成本。可见，风险成本由两部分构成，一部分是风险事件一旦发生可能带来的预期损失，另一部分是风险管理措施的成本。同时，我们可以发现风险事件的预期损失和风险管理措施的成本之间具有相互替代的关系。如果分配在风险管理中的资源越多，意味着风险管理措施的成本就越高，相应地，更强有力的风险管理措施会更有效地降低风险，因此，风险事件造成的预期损失就会更低；如果分配于风险管理当中的资源越少，意味着风险管理措施的成本越低，风险管理措施较弱，风险剩余越大，此时风险事件带来的预期损失也就会越高。即在这两种风险成本之间，一种风险成本的增加或者减少，会造成另一种风险成本的减少或者增加。同时我们会发现如果想把风险事件的预期损失降到 0 的话，需要投入在风险降低中的资源非常大，付出的代价极其昂贵，甚至是不可能实现的。所以，纯粹风险管理的目标应当是寻求风险管理措施成本与风险剩余之间达到一个平衡，即适度的风险承担（如图 8 - 1 所示）。

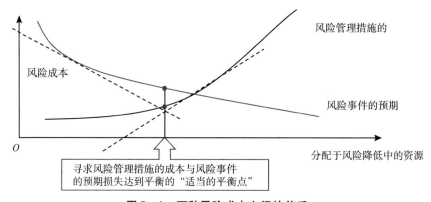

图 8 - 1　两种风险成本之间的关系

综合考虑以上损前目标，每个家庭或个人对风险的担忧是不同的，即风险偏好不同。因此在经济合理目标中加入风险偏好，则需要将风险成本转换成风险成本的效用，即 $U[f(x)]$，其中 x 为分配与风险降低中的资源，$f(x)$ 为风险成本。

由上可知，风险成本由风险管理措施的成本和风险事件的预期损失二者相加形成，因此，风险成本为一个 U 形函数。考虑风险偏好后，家庭风险成本效用函数仍为 U 形函数。对于风险厌恶的家庭，其风险成本效用函数右侧相对更加陡峭。在家庭风险成本效用函数的图像中，最低点的左侧表现为家庭风险承担不足，即风险剩余虽然低于家庭心理可接受的程度，但家庭在风险管理措施成本上投入过多。最低点的右侧表现为过度的风险承担，即家庭在风险管理措施成本上投入不足，导致剩余风险过大，风险剩余高于家庭可接受程度。同时，由本书理论篇可知，风险厌恶程度越高的家庭为了保持同样的风险剩余，愿意付出的风险成本越高。所以，家庭纯粹风险管理目标是寻求的适度的风险承担，使得在考虑家庭风险偏好的情况下，达到家庭风险成本效用最小化（如图 8 – 2 所示）。

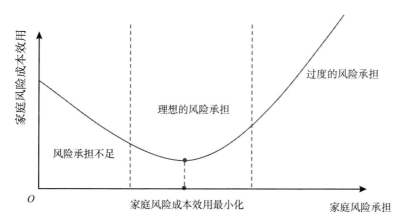

图 8 – 2　家庭纯粹风险管理的目标

　　维持家庭正常生活是家庭财富与风险整合管理的最低目标。为了实现这一目标，家庭纯粹风险管理还需要进一步设定损后目标，即风险事件发生之后家庭风险管理需要实现的目标。家庭纯粹风险管理损失发生后的目标首先是要提供足够的经济补偿，使家庭尽快恢复到损失发生前的状态，这种经济补偿可以来自家庭外部，也可以来自家庭内部（具体将在本书第 8.3 节进行讨论）。另外，要保证家庭经济收入的稳定（具体将在本书第

8.5 节和第 8.6 节进行讨论）。

8.2.2　家庭风险管理措施

由前文可知，家庭风险可以分为投机风险和纯粹风险，这两类风险的管理措施完全不同。下面将分别进行讨论。

（1）投机风险管理的最有效措施就是风险分散。风险分散是指增加承受风险的单位（相同或不同）以减轻总体风险的压力，从而使风险主体减少风险损失。在家庭金融风险管理中，家庭应该将计划用于获取投机风险收益的资金分散投资于不同的资产类别或市场，通过构造投资组合降低整体投资风险。为了控制信用风险也应尽量与不同金融机构达成交易或签订契约。例如，将 50 万元以上的存款存入多家银行，将大额人身险保障需求分散到多家保险公司。除此之外，还应根据家庭风险承受能力和预期回报率严格设置止损位，从而确保将风险控制在可接受范围，不至于影响家庭未来的财务计划。风险分散还可以用于家庭其他投机风险的管理中，例如，夫妻双方可以通过从事不同的行业来分散行业周期下行带来的收入风险。中国传统思想中的"多子多福"也体现了一种风险分散的思想。

（2）纯粹风险管理措施主要包括：风险规避、风险控制、风险转移和自保。

风险规避是有意识回避某种特定风险的行为，从根本上杜绝风险。例如，如果一个人很担心坐飞机的风险，那完全可以选择其他的出行方式，回避乘坐飞机带来的风险。但是风险规避存在一些局限性，规避某些风险要付出的成本过高，风险成本效用最小化这个经济合理目标可能无法实现。例如，工作非常繁忙的人无法用火车来代替飞机出行，居住在地震带上的居民很难为了规避地震风险而举家搬迁，等等。

在风险无法规避的情况下，风险控制是纯粹风险管理的重要管理措施。风险控制是指在总风险成本最小化的条件下，所采取的防止或减少风险事故发生及所造成的损失的行动。主要包括防损措施，即降低事故发生频率的行动和减损措施，即降低事故所造成损失的行动。降低损失发生频率的措施通常被称为防损，降低损失后果严重程度的措施通常被称为减损。例如，存放于固定地点的家庭财产可能受到火灾的威胁，那么家庭应该注意用电用火安全来防损，了解最近的公共灭火装置的位置，或者常备小型灭火器来减损；家庭如果有私家机动车，应该谨慎驾驶以避免交通事故发生，并通过佩戴安全带、使用车道偏离导航等措施防损，选购配置更多安全气囊、安全等级更高的机动车辆来减损。

风险转移是指通过合同或非合同的方式将可能的损失转嫁给其他经济主体，同时也转让对应的可能收益的策略。风险转移的手段主要包括保险、商务合同、金融合同或金融衍生品。家庭可以采用房屋租赁合同、雇佣合同、外币衍生品等合同来转移相关风险。

更普遍的家庭风险转移工具是保险。家庭可用的保险工具包括社会保险和商业保险。社会保险中的"五险"分别是基本养老保险、基本医疗保险、失业保险、工伤保险、生育保险，参与社会保险之后，一旦发生保险保障范围内的损失，社会保险会提供基本经济补偿。在此基础上，家庭成员的雇主（企业、机构）可能会为家庭成员提供企业年金（职业年金）、团体健康保险、团体寿险等保险产品，作为激励措施和员工福利。在通过社会保险和员工福利保险转移部分家庭风险后，如果还有风险剩余，个人和家庭可通过购买商业人寿保险、健康保险、意外伤害保险、责任保险等商业保险来转移剩余风险。

最后我们将讨论家庭纯粹风险管理措施中的"自保"。通过前文关于家庭风险管理目标的讨论可以发现，在理论上家庭把风险降为 0 不是一个最优决策。现实中我们会发现市场上的保险供给也无法转移家庭的全部风险。因此，家庭无论采取何种风险管理措施，仍然会承担一定的纯粹风险。那么，这些剩余的风险一旦产生损失，家庭必须有资金能够弥补损失，以维持正常生活。经济单位预测在未来一定时期内将会发生某种灾害或意外事故造成损失时，自己预先提留一定的货币和实物，作为对可能发生的损失进行补偿的后备基金，这种风险管理方式就是"自保"。我们将在第8.3节专门进行讨论。

值得注意的是，纯粹风险的四种管理措施——风险规避、风险控制、风险转移和自保，四者之间可以相互替代。例如，希望规避乘坐飞机的风险可以通过购买足额的航空意外保险来转移这一风险。[①] 希望控制驾驶机动车辆的风险可以通过购买机动车辆保险来转移该风险。如果可以通过购买保险来进行转移的风险，也可以通过自保来管理。例如，有些国家允许用满足条件的家庭或个人财产证明来代替购买强制的机动车辆第三者责任保险。

既然各种风险管理措施可以相互替代，家庭应该如何做出最优的风险管理决策呢？任何纯粹风险的管理措施都会产生成本，即使是自保，也会产生资金的机会成本（详见本书第8.3节）。因此，家庭可以首先评估各种风险管理措施的经济效率，选择单位成本下降低或转移风险最有效的措施。另外，当家庭资源有限时，需要对风险管理资源进行合理分配。家庭存在多种风险，通过家庭风险评估（参见本书第7.4节），家庭可以根据各种风险的大小合理分配资源，对于严重的风险，应当配置更多的资源，对于轻微的风险，可以分配更少的资源。每种风险管理措施的成本不同，因此家庭可以根据对各种风险配置的资源选择有效的风险措施管理

8.3 风险储备金与保险

上一节我们讨论了家庭风险自保的必要性。家庭只要存在风险剩余就必须做好自保的安排，未雨绸缪。自保就是经济单位预测在未来一定时期

---

① 本书仅在经济领域范畴内讨论风险，不包括社会学、心理学、哲学等领域讨论的风险。保险等经济手段仅能转移风险的经济损失。

内将会发生某种灾害或意外事故造成损失时，自己预先提留一定的货币和实物，作为对可能发生的损失进行补偿的后备基金。因此，我们将家庭用于自保的基金称作"风险储备金"。

家庭的风险储备金应该满足以下条件：

第一，充足性。家庭风险储备金应该能够覆盖剩余风险中家庭风险容忍度以外的全部风险。确保整体风险管理方案能够满足家庭风险管理目标。

第二，高流动性。风险事件随时可能发生，因此家庭的风险储备金必须具有较高的流动性。

第三，低风险性。为了保证风险事件在任何时候发生都能有足够的风险储备金弥补损失，风险储备金的价值不能有大的波动，也就是说风险储备金不能承担风险。因此风险储备金必须具有低风险性。

风险储备金应该满足的条件决定了，家庭财富一旦被划入风险储备金账户，就必须保持较高的流动性，且承担较低的风险。而市场上高流动性、低风险的资产形态，其投资收益率必然比较低。因此家庭风险储备金账户内的资金需要承担机会成本。

如上节所述，各种风险管理措施之间存在相互替代的关系。家庭可以通过采取其他管理措施来降低家庭的风险储备金。风险储备金最常用的替代方式是购买保险。如果原有自留的风险能够通过保险进行转移，那么家庭的风险储备金就可以相应地降低。相反，如果家庭不愿意或者不能通过保险转移某一类风险，那么就必须为此类风险准备充足的风险储备金。老年人的医疗费用是一个非常典型的例子：老年人随着年龄的增长，疾病风险逐渐增加，但市场上缺乏承保高龄老人的商业健康保险，若其没有参保社会保险，或者担心社会保险不足以覆盖疾病风险，则家庭不得不预留足够的风险储备金来应对老人的疾病风险。

由此可见，保险和通过风险储备金来自保这两种风险管理措施是可以相互替代的。家庭可以选择以支付保费为代价把风险转移给保险公司，也可以选择自保，用风险储备金应对风险。如果购买了相应的保险，那这一类风险带来的损失将由保险公司进行赔偿，因此可以释放相应的风险储备金。如果通过购买保险释放了部分风险储备金，那么这部分风险储备金就可以转化成消费型财富或者资本型财富。转化成消费型财富，它就会带来消费效用；转化成资本性财富，它就可能获得更高的投资回报，从而增加家庭财富。

家庭应该如何做出自保和保险的决策，还要结合每个家庭的情况和保险产品的供给进行综合考量。如果市场上保险产品供给的种类不足，能承保的风险类型有限，或者承保限额不能满足家庭要求，又或者家庭成员已成为非标准体造成保险公司拒保，那么家庭不得不预留足够的风险储备金应对各种风险。另一种情况是家庭无法承受过高的保费，例如生活支出比率过高，只能被动地采取自保策略，此时往往也无法满足风险储备金充足性的要求，家庭面临较大的风险敞口。普惠保险相关研究正是关注此类家庭的保险需求问题。

当家庭能够承担保费支出，也能够满足风险储备金要求时，决策的关键是家庭的风险偏好和投资能力。如果家庭风险厌恶度高，会更倾向于购买保险以转移风险，反之则更倾向于自保。如果家庭投资能力较弱，风险储备金的机会成本则较低，此时家庭更倾向于自保。反之，如果家庭投资能力较强，则风险储备金的机会成本较高，此时家庭通过购买保险释放风险储备金将获得更高的效用。如果家庭存在负债，那么通过购买保险转移风险来释放风险储备金，用来偿还负债，会显著提高家庭效用。

在衡量自保与保险决策时，还应该考虑的一点是风险储备金的优势，即风险储备金可以用于弥补任何家庭风险带来的损失，相反，保险转移的风险则具有明显的特定性，即只能转移保险责任、保险金额或赔偿限额范围内的风险。当然随着保险行业的发展，越来越多的综合保险产品投放市场，在一定程度上可以缓解保险的上述缺陷，但可预见的将来保险仍无法替代风险储备金的多用途优势。

另一点需要注意的是，如本书第 1 章所述，家庭在建立风险储备金账户的同时，事先准备好一个与风险损失相关的心理账户是有必要的。如果家庭能够提前准备一个应对损失的心理账户，当家庭遭遇风险损失时，损失带来的效用减少相较于没有此类心理账户的家庭会更小。风险储备金是家庭应该建立的一个实际的账户，而损失心理账户可以是风险储备金在家庭成员心理的一个映射。建立损失心理账户是在理解和应用心理账户理论中关于人们如何在心理上处理损失的相关研究基础上给出的建议。

如果家庭遭遇重大损失，风险储备金账户的资金不足以应对，家庭也可以采取一些其他的损失融资的方式，例如，变现长期资产、向他人借款和采用金融行业提供的信贷服务等。长期资产流动性较差，如果要在短期变现，就会产生资产的贬值，从而给家庭带来损失。向亲戚朋友借款，这也是家庭遇到困难时常用的一种方式，但通常借款量有限。在金融市场提供的信贷服务越来越多样化的情况下，家庭也可以灵活选择多种信贷服务，包括金融机构提供的消费贷款、抵押贷款、质押贷款、典当等，这些方式也能获得损失融资。但是这种信贷服务获得的资金量取决于家庭成员的信用状况、收入情况、抵押或质押资产情况等，另外，用负债来进行损失融资可能面临未来这些负债不能及时偿还的问题。如果不能及时偿还负债，家庭可能面临信用等级下调、抵押品或质押品被没收、典当品不能赎回等损失，严重时可能影响家庭正常生活。所以，上述三种损失融资方式与风险储备金和保险相比更加被动，但当家庭面临极端风险事件发生时仍可能被迫采用。

8.4 家庭金融管理目标设定与实施

8.4.1 家庭金融管理目标设定

家庭金融管理的第一个目标首先要满足家庭基本消费产生的支付需求，

这部分资金除了要满足消费惯性带来的数量要求，还要满足支付需求产生的流动性要求。需要注意的是，家庭基本消费应该包括本书第8.2节讨论的纯粹风险管理措施的成本。

根据上一节的讨论可以确定家庭金融管理的第二个目标，即满足家庭风险储备金的要求。作为家庭风险储备金的这部分资金要保证充足性、高流动性和低风险性。

家庭金融管理的第三个目标是满足家庭近期计划的必要消费需求，例如，大额耐用品消费、教育支出、住房需求等。这部分资金往往需要在特定时间使用，因此不能承受较高的风险，且有明确的投资期限。

家庭金融管理的第四个目标是满足家庭的远期必要消费需求，主要为养老金需求。这部分资金的管理目标是保值增值。

家庭金融管理的第五个目标是在实现以上目标后仍有资产剩余的情况下，根据家庭风险偏好对剩余资产采用合理的投资方式，平衡收益和风险，以获得资产增值。

当家庭财富充足的情况下，以上五个目标均可以实现，但仍应该分别设立账户控制风险。当家庭财富有限的情况下，这些目标间存在竞争关系，此时一般应按照以上顺序逐一实现。

图 8-3 家庭金融管理目标

8.4.2 家庭投资方式的特点

为了实现家庭金融管理的目标，家庭需要借助各种投资方式。家庭常用的投资方式包括银行存款、债券、股票、投资基金、信托、房地产、黄金等。家庭应该根据各种投资方式的特点进行合理决策。

8.4.2.1 银行存款

银行存款的流动性比较强，风险相对比较低，一般情况下可作为风险储备金。流动性方面，我国商业银行定期存款存期最短为 3 个月，最长为 5 年，家庭可以采用阶梯存储法、月月存储法、不等份存储法等方法提高定期存款的流动性。安全性方面，我国商业银行存款必须参与存款保险制度，同一存款人在同一家投保机构所有被保险存款账户的存款本金和利息合并计算的资金数额在 50 万元以内的，实行全额偿付，超过 50 万元的部分面临银行破产带来的信用风险。另外，银行存款也会面临利率风险。因为利率受宏观调控等因素的影响会产生波动，如果存期较长，利率实际上被锁定，可能会产生机会成本。当然，存款人也可选择在利率上浮的时期提取存款重新存入，但提前取款的行为属于违约，银行按活期计息，存款人需要在利息损失和未来可能获得的利息收益之间做一个取舍，达到经济上的最优决策。此外，对于家庭来说存款是为了获得未来的消费效用，因此银行存款会面临通货膨胀风险。如果银行的存款利率低于通货膨胀率，存款到期之后的实际购买力会下降。但是从长期来看，银行存款利率和通膨胀率具有相关性，但通常利率的变化会存在滞后性，家庭可据此适当调整消费决策。银行存款的特点决定了其可以作为满足家庭金融管理目标中家庭基本消费、风险储备金、家庭近期计划消费的金融工具。

8.4.2.2 债券

债券的平均收益高于银行存款低于股票，与其风险对应。债券的投资风险包括：利率风险、信用风险、流动性风险、赎回风险、通货膨胀风险等。债券的价格与市场利率负相关，且期限越长对利率越敏感。打算持有至到期的长期债券，如国债等，对于家庭来说相当于为部分资金锁定了利率，在利率下行期间内是有利的决策，然而在利率上行期间则可能产生机会成本。另外，信用风险是债券最主要的风险，作为个人或家庭投资者，要充分了解债券发行机构的信用评级、资金用途及其风险等综合做出投资决策。为了分散风险，家庭也可以借助债券型基金构造投资组合。评估债券的流动性风险要关注其能否在二级市场转让、能否作为抵押品融资等。还有提前赎回条款的债券还会面临赎回风险，即发行者选择在到期日之前回收全部或部分债券时，债券的购买者所面对的债券在不利时机被赎回的风险。最后，债券同存款一样，还会面临通货膨胀风险。债券作为实现家庭金融管理目标的工具可以发挥多种作用。国债等低风险债券可以作为风险储备金和养老金，其他债券可以通过构造投资组合实现家庭养老需求和资产增值的目标。

8.4.2.3　股票

股票的特点是"高风险高收益"，股票市场价格波动是金融界持续讨论的话题。随着股票市场发展更加成熟，有更多的投资者采取"红利策略"等价值投资策略进行股票投资。但无论采用何种策略，投资股票都需要大量的信息及专业的分析，对于个人和家庭来说直接参与股票市场都会产生较大的时间成本和机会成本。另外，由于家庭资金量有限，即使具有投资技术也难以构造有效的投资组合。因此，家庭直接从股票市场持续获利会面临较大的风险，一般应作为实现家庭金融管理目标中资产增值目标的金融工具。

8.4.2.4　投资基金

投资基金是通过公开发售基金份额募集资本，然后投资于证券的金融产品。股票和债券是直接投资工具，筹集的资金主要投向实业领域，而基金是种间接投资工具，所筹集的资金主要投向有价证券等金融工具或产品。因此，家庭投资于此类基金主要是购买基金公司专业的组合管理服务同时利用基金的规模优势，相应的也会产生基金管理费等成本。随着量化投资技术和人工智能大模型等的发展，个人与机构的投资技术差距快速拉大，机构投资者的优势更加明显。基金种类丰富，风险和收益多样化，可以满足不同家庭的风险偏好和投资目标。家庭可以利用货币型基金实现家庭金融管理目标中的基本消费和风险储备金目标，可以利用低风险封闭式基金实现家庭近期计划消费目标，可以利用养老基金实现家庭养老金目标。可以利用指数型基金、私募基金等实现资产增值目标。投资基金的风险除了各类金融风险外，最主要的是基金管理者的道德风险，以及基金管理者本身的投资能力风险。因此投资基金的选择也给家庭金融决策带来了挑战。

8.4.2.5 信托

信托是指委托人基于对受托人的信任，将其合法持有的财产或财产权利委托给受托人，由受托人根据委托人意愿，以受托人自己的名义管理和处置该财产或财产权利，从而为委托人和受益人获得利益。我国的信托公司业务偏重将信托作为一种集合性投资工具，通过向公众发行信托计划为投资项目募集资金，同包括银行在内的金融机构业务存在重叠和竞争关系。英美法系国家和地区的信托公司提供的家庭信托业务目标主要是财产保障、资产传承以及税务筹划等，对于一些跨国信托业务其法律意义可能超过投资意义。

8.4.2.6 房地产

房地产具有使用和投资双重特性。房地产投资需要的首期投资金额较大，而且大多需要利用贷款。因此，购买自住房产是家庭当中最重大的消费决策，属于家庭金融管理目标中家庭近期计划消费。家庭购买投资性房地产应该计算投资回报率，主要考虑的因素包括政策调控、经济周期、位置、景观、租售比、贷款利率、税收等。房地产在正常的市场环境下一般可以抵抗通货膨胀风险，越靠近核心地区位置的房地产往往保值能力越好。但房地产流动性较差，且长期持有投资性房地产可能面临的政策风险和经济周期风险较大，家庭应慎重做出房地产投资决策。

8.4.2.7 黄金

黄金与资本市场负相关，作为硬通货在货币贬值时可保值，是主要的避险工具。近期部分地区地缘政治危机，黄金价格飙升，在某种程度上反映了投资者对未来世界局势和经济发展的担忧。家庭也可以利用黄金作为家庭金融管理的避险工具，但需要注意的是：目前国际黄金交易以美元计价，黄金历史价格波动幅度大，且储藏成本和交易成本较高。因此家庭投资黄金应尽量长期持有，作为实现家庭远期财务目标或资产保值增值的工具。另外，购买实物黄金首饰还需要缴纳消费税。所以作为投资工具，应尽量选择金条。

8.5 家庭金融与人寿保险规划

人寿保险是以被保险人生命为保险标的，被保险人生存或死亡为给付保险金条件的一种人身保险业务，为被保险人过早死亡提供经济保障。这里的"过早"指的是和预期寿命相比死亡过早。家庭的死亡风险是指家庭成员去世造成家庭其他成员未来生活水平的下降或原有财务目标无法实现的风险。人寿保险是转移死亡风险最有效的工具。但随着人寿保险种类的多样化，人寿保险不仅具有转移风险的功能，还同时具有家庭金融管理的功能。因此，家庭人寿保险的规划不仅需要考虑家庭死亡风险的大小，还必须了解不同人寿保险的作用，结合家庭风险管理目标和金融管理目标做出整合决策。

8.5.1 家庭金融与人寿保险的险种规划

资本市场的发展推动人寿保险从只转移风险的传统人寿保险演进到兼具风险转移和投资功能的新型人寿保险。目前我国保险市场上的人寿保险产品主要包括以下几种。

（1）定期寿险。定期寿险是以被保险人死亡为给付保险金条件，且保险期限为固定年限的人寿保险。如果被保险人期满仍然生存，不退还已收保险费，所以传统的定期寿险在保险期间内通常没有现金价值或者现金价值极低，不具有储蓄性和投资功能。因此，定期寿险只具有风险转移功能，属于纯保障型保险。由本书第 7.4 节可知，死亡风险一直存在，但家庭死亡风险最大的一段时间通常是抚养子女且赡养老人的阶段。另外，如果存在房贷等负债，且财务负担率较高，那么在偿还贷款的阶段家庭死亡风险也较高。家庭可以通过定期寿险转移这些阶段内的死亡风险。定期寿险属于纯保障型保险，费率相对较低。因此，当风险管理资源有限时，家庭应对死亡风险应该优先选择定期寿险。

（2）终身寿险。终身寿险是以被保险人死亡为给付保险金条件，且保障期限为终身的人寿保险。无论被保险人何时死亡，其受益人都能得到保险金给付，因此对死亡风险提供了永久性保障。正因为终身寿险一定会获得给付，因此终身寿险有现金价值，因此具有储蓄性。由本书第 7.4 节可知，随着家庭生命周期的演进，家庭死亡风险会减小。因此，在家庭生命周期的后期，终身寿险可以作为家庭财富存在的一种形态，必要时可以选择退保来变现，如果始终不需要变现，那么则具有遗产的功能。正是因为终身寿险可以在不同的家庭生命周期阶段发挥不同的作用，近年来，我国保险公司大力推销增额终身寿险产品，由于其保险金额以固定利率增值，凸显了其长期稳定的储蓄功能，受到投保人的欢迎。但应当注意到，家庭如果仅将增额终身寿险产品看作是投资，那么其投资回报率通常要到 15 年以上才能达到合同中约定的保额增长率，因此必须作为超长期投资来看待。

另外，家庭拥有的保单一旦具有现金价值，投保人就拥有了贷款选择权和垫缴保费选择权。所谓贷款选择权是投保人可选择是否将寿险保单抵押给保险公司按照现金价值的一定比例获取贷款。当具有保单贷款选择权后，家庭需要信贷服务的时候，应当综合考虑各种贷款途径的融资成本做出合理决策。需要注意的是，保单贷款的期限一般比较短，不能用作长期贷款，并且一旦保单贷款无法偿还导致保单失效，造成家庭风险敞口，因此是否使用保单贷款应该与家庭风险管理整合决策。保单贷款选择权设计的初衷是改善保单现金价值作为家庭财产流动性差这一缺点，增额终身寿险产品允许部分退保，为该产品进一步提高了流动性，这也是该类产品受欢迎的一个原因。垫缴保费选择权是投保人因各种原因无法按时缴纳保费，可选择用保单现金价值抵交保费，现金价值扣除各种款项后余额为零时合同效力中止。

（3）两全保险。被保险人在保险合同约定的保险期间内死亡，或在保险期间届满仍生存时，保险人按照保险合同约定均应承担给付保险金责任的人寿保险。两全保险的死亡保险金和生存保险金可以不同，当被保险人在保险期间内死亡时，保险人按合同约定将死亡保险金支付给受益人，保险合同终止；若被保险人生存至保险期间届满，保险人将生存保险金支付给被保险人。可见两全保险是在定期寿险的保障功能基础上增加了储蓄功能。既可以实现家庭转移死亡风险的风险管理目标，又可以在保单到期后被保险人生存的情况下将给付金作为养老金使用，实现家庭金融管理目标。因此，投保两全保险也应该作为家庭金融与风险管理的整合决策之一。另外，两全保险具有现金价值也可以同终身寿险一样通过贷款抵押权来提高流动性。

（4）万能寿险。万能险是包含保险保障功能并至少在一个资产账户里拥有一定价值的寿险产品。万能寿险从结构上看是一份每年可续保的定期寿险加上一个独立的个人投资账户。万能寿险具有同传统寿险一样的死亡风险保障功能，但在支付首期保费后，投保人可选择在任意时间缴纳任意数额的保费，从而调整保单的保险金额。由本书第 7.4 节可知，家庭的死亡风险会随着家庭生命周期、家庭生活水平、负债情况等因素的变化而发生改变，而传统寿险的保额在投保时约定好后不能改变，万能寿险可以任意调整保额的这一优势可以使其保险金额与家庭真正的死亡风险相匹配，更好地实现家庭风险管理目标。

万能寿险除了具有保障功能外，投保人还可以通过投资保险公司为万能寿险建立的投资账户享受投资收益，并且有最低保证收益率，因此也具有投资功能。保单的价值与投保人投资账户资金的业绩联系起来。投保人可以根据家庭风险管理需求和金融管理需求调整保险金额和投资账户的投资额，万能寿险搭建了一个家庭财富与死亡风险整合管理的桥梁。

（5）分红保险。分红保险是保险公司将其实际经营成果优于定价假设的盈余，按一定比例向保单持有人进行分配的人寿保险产品，保单持有人可以享受保险公司的经营成果。在我国，保险公司至少应将当年分红业务可分配盈余的 70% 分配给保单持有人，红利分配应当满足公平原则和可持续性原则。保险公司定价基于一些假设，当实际情况优于定价假设时就会产生额外的盈余，即"死差益""利差益""费差益"，将额外盈余按照一定比例在保单持有人和客户之间进行分配，也称"三差分红"。若实际情况达不到定价假设的预期，保险公司面临经营风险时，保单持有人和保险公司共担经营风险，所以其红利没有保证。分红保险精算假设比较保守，是因为红利分配要满足可持续性原则，且在保险给付和退保金中都应该含有红利。红利可通过现金形式发放，允许保单持有人将红利提取出来；保险公司也可将红利以增额的方式发放，把保单持有人的红利转化为保额增加到原保险合同中。增额红利的好处在于，对于寿险需求逐渐上升的家庭来说，不用额外缴纳保费就可以增加保额。保单持有人可根据家庭风险管理和金融管理需求选择适合的发放红利的方式。

（6）投资连结保险。投资连结保险也是在传统保险产品的基础上连接了投资账户，因此兼具投资和保障功能。但和万能险有最低保险收益不同的是，投资连结保险的投资账户独立于保险公司之外，不承诺投资回报，所有的投资收益和投资损失由投保人承担。保险公司收到保险费后，按照事先约定，将部分保费分配进入投资账户，并转换为投资单位。投资单位有一定的价格，保险公司根据保单项下的投资单位数和相应的投资单位价格计算其账户价值。因此可以看出，投资连结保险从结构上看等同于一个保障型保险产品与一份由保险公司管理的"投资基金"的组合。与基金相比，投保投资连结保险往往会设立具有不同风险等级的投资组合账户，投保人可以根据风险偏好和资本市场环境进行灵活选择，并且资金在账户间转换相较购买与赎回基金更加便捷。由保险公司管理的投资连结保险账户相较于投资基金可以选择的投资产品更加多样化，例如可以包含基金公司发行的投资基金，因此可以减轻家庭选择和更换基金的负担。

总体来看，保险公司提供的人寿保险产品既可以满足家庭对死亡风险的转移需求，也可以满足家庭在特定阶段的投资需求。但作为投资工具，人寿保险的优势主要表现在期限的超长期性，以及部分人寿保险对投资收益的承诺，而不是表现在高收益和个性化上。另外保险资金在资本市场以及监管机构授权投资的养老社区、基础设施等其他领域，均具有规模优势。并且，作为金融市场上具有长期稳定资金来源和更高风控水平的机构投资者，其投资更为稳健和谨慎。再者，保险机构受到严格的偿付能力监管，在此基础上，保险保障基金还会为保单持有人的利益提供保障，因此信用风险可控。家庭在选择人寿保险的过程中应该注重发挥其特有的优势，结合家庭需求做出合理的决策。

8.5.2　家庭金融与人寿保险的保障需求规划

寿险保障需求应根据家庭死亡风险评估的结果确定。家庭死亡风险的评估方法主要包括生命价值法和家庭需求法（详见本书第 7.4 节）。家庭需求法计算的结果是家庭真正的死亡风险暴露，更适合应用于家庭风险管理，这里我们主要从家庭财富与风险整合管理的角度讨论使用家庭需求法确定人寿保险保额的必要性，以及过程中需要注意的一些问题。

第一，由前文可知，面对死亡风险家庭可以采用购买保险的方式转移风险，也可以采用自保的方式。采用家庭需求法计算死亡风险的过程中需要计算家庭生息资产未来给家庭带来的年收入，从而计算是否存在遗属生活费的缺口。此时，家庭生息资产的投资收益率往往根据家庭现有投资收益率结合未来的市场环境来确定。而事实上，家庭的风险偏好、投资方式和投资能力可能会随着该家庭成员的死亡而发生改变。因此，对不同家庭成员的死亡风险评估应采用不同的投资收益率。

第二，未来的生活成本计算需要考虑通货膨胀率。通货膨胀率会随着经济周期而波动，而相对于家庭人寿保险的规划长度来说，经济周期是较短的，因此通货膨胀率的假设需要考虑规划的长期性及经济的周期性。

第三，在计算生活费缺口的现值时，采用的折现率应该是家庭未来预期的投资收益率。如前所述，未来投资收益率会存在波动，为了规避这一风险，家庭可以采用将获得的寿险给付金转化成年金保险。是否采用这一方式，由家庭的投资能力和风险偏好决定。例如，遗属是未成年人，监护人是老年人时，双方都不具备投资能力，此时可投保年金保险（详见本书第 8.6 节）。

第四，计算家庭未来的工资性收入时需要考虑工资增长率。工资增长率与社会平均工资增长率、所属行业的发展周期、劳动者的能力等因素相关。工资增长率的假设对生活费缺口影响较大，因此需要谨慎地做出假设。

第五，在计算家庭生活费缺口时，家庭生活费如果仅包括家庭基本生活费，则计算出的值是寿险保额的下限。家庭未来的生活费还可能包括：丧葬费、贷款余额、子女教育金、配偶或老人的养老金、遗产需求等。如果在计算未来生活费时包含了以上全部需求，那么计算出的值是寿险保额需求的上限。实务中寿险保额可以超过这一需求上限，只要能够通过保险公司核保即可，此时寿险保额的合理性通常参照生命价值理论来确定。

第六，保障型寿险只有出险才能得到给付，因此不能将保障型寿险保额作为实现家庭必要的金融管理目标的工具，例如，上述第五点中提到的教育金等。而带有投资功能的新型寿险具有现金价值或投资回报，可以作为实现家庭金融管理目标的工具。因此家庭风险管理与家庭金融管理应该整合决策，家庭既可以采用保障型寿险与专属投资账户的组合方式，也可以采用新型寿险方式同时实现死亡风险管理目标和部分家庭金融管理目标。

第七，家庭应该合理对待各类人身保险死亡保额的叠加。除了人寿保险以外，带有死亡给付条件的人身保险还包括意外伤害保险、重大疾病保险等。不同的人身保险死亡给付的条件不同，只有不设条件的死亡给付保额才能进行叠加。家庭总的死亡风险保障可以采用多种可叠加保额的人身保险来实现。

第八，家庭风险管理和金融管理的动态性决定了人寿保险需求的动态性。当现实的发展较大地偏离了计算家庭需求时的采用的参数，则家庭原有的人寿保险安排也会偏离家庭死亡风险敞口，这时需要进行调整。人寿保险产品能否支持保额的调整要根据人寿保险的种类和条款来确定。

8.6 家庭金融与年金保险规划

年金保险是指按照保险合同约定，以生存为给付保险金条件，按约定分期给付生存保险金，且分期给付生存保险金的间隔不超过一年（含一年）的人身保险。年金保险可以解决生命不确定性带来的财务风险，因此年金保险规划与家庭金融管理的关系非常密切。本节将讨论年金保险的主要险种及其与家庭金融管理的整合决策。

8.6.1　家庭金融与年金保险的险种规划

年金保险按照承保期限可以分为终身年金保险和定期年金保险。下面将分别讨论它们在家庭金融与风险整合管理中的作用。

8.6.1.1　终身年金

家庭金融管理目标中包括准备家庭养老金，家庭养老金规划最大的挑战是对于预期寿命的估计。在家庭人身风险中，我们将实际寿命超过预期寿命，导致养老资金储备不足带来的风险定义为长寿风险。人们一方面希望长寿一方面又担心养老金不足。终身年金保险就是转移长寿风险的一类保险。寿命的不确定性还会影响人们在不确定条件下分配退休资产的决策，当家庭成员实际寿命短于预期寿命时，家庭会被迫留下一笔本来可以用于满足消费需求的财产，从而偏离生命周期效用最大化的目标。

保险公司以被保险人的生存为条件定期向被保险人给付约定金额，一旦被保险人死亡则保险停止给付，这类终身年金保险为普通终身年金保险。人们投保普通终身保险，通常希望自己长寿，从而多领取保险金。保险公司为终身年金保险定价的生命表证实了这一点。另外，人们也会担心投保了终身寿险如果过早死亡，领取的保险金少于缴纳的保费，造成损失。为了解决这种担忧，保险公司提供保证给付的终身年金。为了解决家庭中多个成员养老年金的整体规划问题，保险公司还会提供联合年金、联合及最后生存年金。两者均可以有两个或两个以上的年金领取人，前者只要其中一个年金领取人死亡，给付就停止，后者年金给付至最后一个年金领取人死亡为止。

终身年金保险除了可以转移长寿风险，还有一个重要的意义是利用人寿保险公司超长期投资的优势。人寿保险公司所经营保险产品的特点决定了其负债端期限远远长于其他金融机构，因此人寿保险公司在保险资金运用上更擅长长期和超长期投资。家庭投保终身年金保险可以更好地利用这一优势。保险公司与其他机构投资者相比的另一个优势是稳健，这与其经营特点和偿付能力监管有关。为了利用这一优势，家庭应该重视终身年金保险承诺的固定回报率。

保险公司为了提高终身年金保险的投资优势，还开发了分红型终身年金，以及附带万能寿险的终身年金等综合产品。这些产品往往固定回报率基础上给出更高的预期回报率，但预期回报率的风险由投保人承担。因此，对于家庭来说这些产品都是同时具有家庭金融管理与家庭风险管理的功能，因此需要整合决策。

由于终身年金是超长期的合同，因此投保人会关心保险公司是否会破产。这一点我们在本书第6.2节进行了讨论。最后，国家为了鼓励居民投保养老保险出台的递延所得税政策可以使个人所得税率较高的投保人享受税收优惠。

8.6.1.2 定期年金保险

定期年金保险以被保险人在合同规定的期限内生存为条件，按约定分期给付生存保险金，规定的期限届满或被保险人死亡，保险终止。定期年金保险可以满足家庭在某个特定时间段内的连续现金流需求，一般用于教育年金，或者提前退休时，用于弥补无法获得养老金这段时间内的生活需求等。

与终身年金保险类似，定期年金保险也分为普通定期年金保险和保证给付的定期年金保险。除非投保人和被保险人为同一人，并且没有合适的受益人，人们普遍会选择保证给付的定期年金保险。这时定期年金保险的功能更接近于金融产品中的现金流调期产品。为了增加保证给付的定期年金产品的风险保障功能，保险公司会增加保费豁免条款，即在保险合同规定的缴费期内，投保人或被保险人达到某些特定的情况（如身故、残疾、重疾或轻症疾病等），由保险公司获准，同意投保人可以不再缴纳后续保费，保险合同仍然有效。例如增加保费豁免条款的教育金产品，可以将父母发生特定情况无法提供抚养子女所需足额资金的风险转移给保险公司。因此，此类保险产品可以同时服务于家庭金融管理目标和风险管理目标。

8.6.2 家庭金融与年金保险的保障规划

本节将就家庭金融与年金保险保障决策中的几个主要问题进行讨论。

8.6.2.1 养老年金需求分析

养老年金保险是保障长寿风险的一种人身保险。养老年金包括商业养老年金和社会保障体系中的基本养老保险两类。我国建立的养老金三支柱体系是以社会基本养老保险为基础，企业（职业）年金为第二支柱，个人商业养老年金为第三支柱。基本养老保险是国家和社会根据一定的法律和法规，为解决劳动者在达到国家规定的解除劳动义务的劳动年龄界限，或因年老丧失劳动能力退出劳动岗位后的基本生活而建立的一种社会保险制度。基本养老保险保证终身给付，因此也属于终身年金。

基本养老保险制度由国家设立，具有社会保障职能，与商业终身年金相比具有信用风险低、抗通胀等优点，同时也具有缴费与领取不对等、只能保障基本生活水平、具有地区差异等缺点。综合考虑基本养老保险的优缺点，家庭的理性决策应该是以基本养老保险作为家庭养老金的基础，根据实际需求补充商业终身年金。

家庭养老金的实际需求一般可根据养老金替代率来计算。养老金替代率是指劳动者退休时，养老金领取水平与退休前工资收入水平之间的比率，国际劳工组织《社会保障最低标准公约》规定，养老金的最低替代率为55%。按照国际经验，养老金替代率大于70%，个人就可以在退休后维持退休前的生活水平。我国基本养老保险的养老金替代率平均约为55%，由于基本养老保险具有社会再分配职能，因此不同收入人群的养老金替代率存在差异。以缴费年限 40 年为例，月收入始终高于当地上年度月平均工资 3 倍以上的人群，养老金替代率将低于 55%。月收入始终低于当地上年度月平均工资 60% 的人群，养老金替代率将高于 80%。由此可以看出，低收入人群依靠基本养老保险可以在退休后维持正常生活。而对于高收入人群来说，为了维持退休前的生活水平则需要补充个人养老金。

家庭补充养老金需求的测算可以采用养老金替代率，但需要同时考虑工资增长率。另一种测算方法是根据退休后的实际需求分项计算，此时需要考虑各项需求的通货膨胀率。家庭补充个人养老金可以采用多种形式，包括商业终身年金、养老基金等专业养老金工具，也可以采用个人投资的方式积累养老金。由于养老金是家庭的刚性需求，因此养老金账户内的资金应该严格控制风险。

8.6.2.2 教育金需求分析

教育金是家庭生命周期中有子女后产生的一个金融管理目标。教育金需要在特定的年份持续支出，因此往往需要提前进行家庭金融规划。教育金是家庭的刚性需求，因此不能承担过高的风险。可以用于积累教育金的金融产品主要包括银行存款、国债、低风险基金等金融产品和教育年金保险产品。

教育年金保险属于定期年金保险，通常是父母为子女投保，期限可以从出生持续到子女具有工作能力。因此，借助前文讨论的保费豁免功能带来的风险转移，教育金保险可以覆盖子女教育金需求的风险，还可以扩展到子女养育金需求的风险。对于没有保费豁免条款的普通教育年金保险，与其他可用于积累教育金的金融产品相比，主要的优势在于其金额的确定性和强制储蓄功能。前者由于教育年金保险给付由保险合同约定，并且其保险期限远低于终身年金保险，因此更容易规避保险公司破产的风险。后者由于保单短期内退保带来的损失可以降低家庭随意改变教育金用途的可能性。

8.6.2.3 结论

未来具有不确定性，而个体存在决策短视倾向，很难准确判断未来可能面临的风险并及时做出最优决策。因此，家庭可以通过金融与风险整合管理，利用年金保险产品把稳定时期家庭收入的一部分转化为未来确定的现金流入，以应对未知风险，契合了人们对确定性的追求，缓解了人们对于未来的忧虑，减轻了无形的精神压力。

参考文献

［1］阿比吉特·班纳吉利，埃斯特·迪弗洛．贫穷的本质［M］．北京：中信出版社，2023．

［2］曹亢，徐艳．高低状态焦虑者的延迟折扣差异研究［J］．科协论坛（下半月），2009，（11）：56．

［3］陈希希，何贵兵．压力使人短视？来自跨期决策的证据［J］．应用心理学，2014，20（1）：3-10．

［4］陈学彬，傅东升，葛成杰．我国居民个人生命周期消费投资行为动态优化模拟研究［J］．金融研究，2006（2）：21-35．

［5］陈学彬，葛成杰．基于时变时间偏好的居民生命周期消费投资行为模拟研究［J］．甘肃社会科学，2008（3）：86-90．

［6］陈学彬，章妍．医疗保障制度对家庭消费储蓄行为的影响——一个动态模拟研究［J］．上海财经大学学报（哲学社会科学版），2007（6）：55-62．

［7］陈莹，武志伟，顾鹏．家庭生命周期与背景风险对家庭资产配置的影响［J］．吉林大学社会科学学报，2014（5）：73-80．

［8］甘犁，赵乃宝，孙永智．收入不平等、流动性约束与中国家庭储蓄率［J］．经济研究，2018，53（12）：34-50．

［9］郭香俊，杭斌．预防性储蓄重要性的测算方法及其比较［J］．统计研究，2009，26（11）：61-68．

[10] 郭振华. 行为保险经济学 [M]. 上海：上海交通大学出版社，2020.

[11] 哈尔·R. 范里安. 微观经济学：现代观点 [M]. 上海：格致出版社，2015.

[12] 海斯蒂，道斯，谢晓菲，李纾，等译. 不确定世界的理性选择——判断与决策心理学 [M]. 北京：人民邮电出版社，2013.

[13] 杭斌，郭香俊. 基于习惯形成的预防性储蓄——中国城镇居民消费行为的实证分析 [J]. 统计研究，2009，26（3）：38 – 43.

[14] 何秀红，戴光辉. 收入和流动性风险约束下家庭金融资产选择的实证研究 [J]. 南方经济，2007（10）：58 – 69.

[15] 黄凌灵，刘志新. 中国居民跨期住房租赁 – 购置行为动态优化建模及分析 [J]. 系统工程，2007，25（10）：58 – 63.

[16] 黄希庭. 论时间洞察力 [J]. 心理科学，2004，27（1）：5 – 7.

[17] 蒋元萍，江程铭，胡天翊，等. 情绪对跨期决策的影响：来自单维占优模型的解释 [J]. 心理学报，2022，54（2）：122 – 140.

[18] 景珮，李秀芳. 基于连续时间金融理论人寿保险需求问题探究 [J]. 南开经济研究，2013（1）：91 – 103.

[19] 雷钦礼. 财富积累、习惯、偏好改变、不确定性与家庭消费决策 [J]. 经济学（季刊），2009，8（3）：1029 – 1046.

[20] 雷钦礼. 家庭消费行为的典型特征与跨期选择的优化分析 [J]. 消费经济，2007，23（5）：57 – 60.

[21] 李爱梅，马钰. 时间感知视角下的跨期决策与研究范式 [J]. 河南大学学报（社会科学版），2021，61（6）：123 – 128.

[22] 李心丹，肖斌卿，俞红海，宋建华. 家庭金融综述 [J]. 管理科学学报，2011，14（4）：74 – 85.

[23] 李秀芳，王丽珍. 家庭消费、保险、投资策略研究 [J]. 消费经济，2011（4）：85 – 88.

[24] 凌爱凡，吕江林．有限周期内具有习惯形成与财富偏好的消费与储蓄问题［J］．系统工程理论与实践，2011，31（1）：43－54.

[25] 刘彦文，樊雲．我国家庭生命周期消费和投资决策模拟研究［J］．商业研究，2016，59（7）：65－72.

[26] 刘彦文，辛星星．基于时间偏好的家庭生命周期消费投资决策研究［J］．大连理工大学学报（社会科学版），2017，38（1）：75－80.

[27] 吕晖蓉．家庭住房消费的最优决策［J］．云南财经大学学报，2012（2）：53－57.

[28] 秦幸娜，李新旺，田琳，等．多巴胺对动物冲动性的影响［J］．心理科学进展，2015，23（2）：241－251.

[29] 佘升翔，郑小伟，周劼，等．恐惧降低跨期选择的耐心吗？——来自行为实验的证据［J］．心理学探新，2016，36（1）：25－30.

[30] 陶安琪，刘金平，冯廷勇．时间洞察力对跨期选择偏好的预测［J］．心理科学，2015，38（2）：279－283.

[31] 王弟海，严成樑，龚六堂．遗产机制、生命周期储蓄和持续性不平等［J］．金融研究，2011（7）：14－31.

[32] 徐岚，陈全，崔楠，等．享受当下，还是留待未来？——时间观对跨期决策的影响［J］．心理学报，2019，51（1）：96－105.

[33] 许永兵．我国城镇居民消费行为变异的实证研究［J］．河北经贸大学学报，2009，30（6）：34－38.

[34] 杨波．货币政策变化与家庭金融决策调整［J］．南京大学学报（哲学·人文科学·社会科学），2012（4）：68－75.

[35] 杨玲，周亚杰，张建勋．趋近和回避动机未来情景想象对跨期决策的影响［J］．应用心理学，2023：1－13.

[36] 杨凌，陈学彬．我国居民家庭生命周期消费储蓄行为动态模拟研究［J］．复旦学报（社会科学版），2006（6）：14－24.

[37] 杨鑫蔚，何贵兵．主观幸福感对跨期决策的影响［J］．应用心理学，

2015, 21 (3): 242 – 248.

［38］伊志宏. 消费经济学（第 3 版）［M］. 北京：中国人民大学出版社，2018.

［39］易行健，莒倩倩. 中国人口老龄化与居民平均消费倾向的实证检验［J］. 消费经济, 2019, 35 (2): 3 – 12.

［40］易行健，肖琪. 收入不平等与居民消费率的非线性关系——基于跨国面板数据的实证检验［J］. 湘潭大学学报（哲学社会科学版）, 2019, 43 (4): 58 – 63.

［41］张传勇. 基于"模型－实证－模拟"框架的家庭金融研究综述［J］. 金融评论, 2014, 6 (2): 102 – 109.

［42］张卫国，肖炜麟，张惜丽. 分形布朗运动下最优投保和消费策略［J］. 管理科学学报, 2010 (1): 78 – 84.

［43］张兴. 完善我国养老金待遇确定机制研究［J］. 行政管理改革, 2019 (1): 58 – 67.

［44］赵蕾，高建立. 基于三维路径规划蚁群算法的家庭生命周期消费决策［J］. 系统工程, 2020 (11): 147 – 155

［45］赵晓英，曾令华. 我国城镇居民投资组合选择的动态模拟研究［J］. 金融研究, 2007 (4): 72 – 86.

［46］Abeler J, Marklein F. Fungibility, labels, and consumption［J］. Journal of the European Economic Association, 2017, 15 (1): 99 – 127.

［47］Addis D R, Wong A T, Schacter D L. Remembering the past and imagining the future: common and distinct neural substrates during event construction and elaboration［J］. Neuropsychologia, 2007, 45 (7): 1363 – 1377.

［48］Ainslie G, Herrnstein R J. Preference reversal and delayed reinforcement［J］. Animal Learning & Behavior, 1981, 9 (4): 476 – 482.

［49］Ainslie G W, Haendel V. The motives of the will［M］//Gottheil E,

Druley K, Skodola T, et al. Etiology Aspects of Alcohol and Drug Abuse. Springfield: IL Charles C. Thomas, 1983: 119 – 140.

[50] Akerlof G. Procrastination and obedience [J]. American Economic Review, 1991, 81 (2): 1 – 19.

[51] Alhakami A S, Slovic P. A psychological study of the inverse relationship between perceived risk and perceived benefit [J]. Risk Analysis, 1994, 14 (6): 1085 – 1096.

[52] Al-Nowaihi A, Dhami S. Behavioral Time Discounting [M]. Oxford University Press, 2016.

[53] Al-Nowaihi A, Bradley I, Dhami S. A note on the utility function under prospect theory [J]. Economics Letters, 2008, 99 (2): 337 – 9.

[54] Al-Nowaihi A, Dhami S. Composites Prospect Theory: A Proposal to Combine Prospect Theory and Cumulative Prospect Theory [R]. University of Leicester. Discussion Paper 10/11.

[55] Al-Nowaihi A, Dhami S. Foundations and Properties of Time Discount Functions [R]. University of Leicester, 2014.

[56] Andre L, Van Vianen A E M, Peetsma T T D, et al. Motivational power of future time perspective: meta-analyses in education, work, and health [J]. PloSone, 2018, 13 (1): e0190492.

[57] Angeletos G M, Laibson D, Repetto A, et al. The hyperbolic consumption model: Calibration, simulation and empirical evaluation [J]. Journal of Economic Perspectives, 2001, 15 (3): 47 – 68.

[58] Ashraf N, Karlan D, Yin W. Tying odysseus to the mast: evidence from a commitment savings product in the philippines [J]. Quarterly Journal of Economics, 2006, 121 (2): 635 – 672.

[59] Baker F, Johnson M W, Bickel W K. Delay discounting in current and never-before cigarette smokers: similarities and differences across commod-

ity, sign, and magnitude [J]. Journal of Abnormal Psychology, 2003, 112 (3): 382 – 392.

[60] Baltes P B. Theoretical propositions of life-span developmental psychology: on the dynamics between growth and decline [J]. Developmental Psychology, 1987, 23 (5): 611.

[61] Baumeister R F, Heatherton T F. Self-regulation failure: an overview [J]. Psychological Inquiry, 1996, 7 (1): 1 – 15.

[62] Baumeister R F, Vohs K D, Tice D M. The strength model of self-control [J]. Current Directions in Psychological Science, 2007, 16 (6): 351 – 355.

[63] Bechara A, Tranel D, Damasio H. Characterization of the decision-making deficit of patients with ventromedial prefrontal cortex lesions [J]. Brain, 2000, 123 (11): 2189 – 2202.

[64] Benartzi S. Excessive extrapolation and the allocation of 401 (k) accounts to company stock [J]. The Journal of Finance, 2001, 56 (5): 1747 – 1764.

[65] Benartzi S, Thaler R H. Myopic loss aversion and the equity premium puzzle [J]. The Quarterly Journal of Economics, 1995, 110 (1): 73 – 92.

[66] Benoit R G, Gilbert S J, Burgess P W. A neural mechanism mediating the impact of episodic prospection on farsighted decisions [J]. Journal of Neuroscience, 2011, 31 (18): 6771 – 6779.

[67] Bernheim B, Skinner D, Skinner J, et al. What Accounts for the Variation in Retirement Wealth Among U. S. Households? [R]. NBER. Working Paper 6227, 1997.

[68] Bickel W K, Odum A L, Madden G J. Impulsivity and cigarette smoking: delay discounting in current, never, and ex-smokers [J]. Psychopharmacology, 1999, 146 (4): 447 – 54.

[69] Bjork J M, Hommer D W, Grant S J, et al. Impulsivity in abstinent alco-

hol dependent patients: relation to control subjects and type 1-/type 2-like traits [J]. Alcohol, 2004, 34 (2−3): 133−150.

[70] Breiter H C, Aharon I, Kahneman D, et al. Functional imaging of neural responses to expectancy and experience of monetary gains and losses [J]. Neuron, 2001, 30 (2): 619−639.

[71] Brown A L, Chua Z E, Camerer C F. Learning and visceral temptation in dynamic saving experiments [J]. Quarterly Journal of Economics, 2009, 124 (1): 197−231.

[72] Bruhin A, Fehr-Duda H, Epper T. Risk and rationality: uncovering heterogeneity in probability distortion [J]. Econometrica, 2010, 78 (4): 1375−1412.

[73] Caillois R, McKeon N. Circular time, rectilinear time [J]. Diogenes, 1963, 11 (42): 1−13.

[74] Camerer C F, Babcock L, Loewenstein G, et al. Labor supply of New York city cab drivers: one day at a time [J]. Quarterly Journal of Economics, 1997, 112: 407−41

[75] Camerer C F, Loewenstein G, Rabin M. Advances in behavioral economics [M]. Princeton University Press, 2004.

[76] Campbell J Y. Asset pricing at the millennium [J]. The Journal of Finance, 2000, 55 (4): 1515−1567.

[77] Carroll C D, Overland J, Weil D N, et al. Saving and growth with habit formation [J]. The American Economic Review, 2000, 90 (3): 341−355.

[78] Carroll C D. The buffer-stock theory of saving: some macroeconomic evidence [J]. Brookings Papers on Economic Activity, 1992, 1992 (2): 61−156.

[79] Chabris C F, Laibson D I, Schuldt J P. Intertemporal choice [M]// Durlauf S, Blume L. The New Palgrave Dictionary of Economics 2nd edi-

tion. London: Palgrave Macmillan, 2007.

[80] Choi J J, Laibson D, Madrian B C. Mental accounting in portfolio choice: evidence from a flypaper effect [J]. American Economic Review, 2009, 99 (5): 2085 – 2095.

[81] Christopher D C, Karen E D, Spencer D K. Unemployment risk and precautionary wealth: evidence from households' balance sheets [J]. The Review of Economics and Statistics, 2003, 85 (3): 586 – 604.

[82] Cooper N, Kable J W, Kim B K, et al. Brain activity in valuation regions while thinking about the future predicts individual discount rates [J]. Journal of Neuroscience, 2013, 33 (32): 13150 – 13156.

[83] Critchley H D, Mathias C J, Dolan R J. Neural activity in the human brain relating to uncertainty and arousal during anticipation [J]. Neuron, 2001, 29 (2): 537 – 545.

[84] Deaton A S. Saving and liquidity constraints [J]. Ecomometrica, 1991, 59 (5): 221 – 248.

[85] De Martino B, Camerer C F, Adolphs R. Amygdala damage eliminates monetary loss aversion [J]. Proceedings of the National Academy of Sciences, 2010, 107 (8): 3788 – 3792.

[86] Dhar R, Wertenbroch K. Consumer choice between hedonic and utilitarian goods [J]. Journal of Marketing Research, 2000, 37 (1): 60 – 71.

[87] Diamond P A, Hausman J. Individual retirement and savings behavior [J]. Journal of Public Economics, 1984, 23 (1 – 2): 81 – 114.

[88] Dickhaut J, McCabe K, Nagode J C, et al. The impact of the certainty context on the process of choice [J]. Proceedings of the National Academy of Sciences, 2003, 100 (6): 3536 – 3541.

[89] Diener E, Suh E M, Lucas R E, et al. Subjective well-being: three decades of progress [J]. Psychological Bulletin, 1999, 125 (2): 276.

［90］ Dixon M R, Marley J, Jacobs E A. Delay discounting by pathological gamblers ［J］. Journal of Applied Behavior Analysis, 2003, 36 (4): 449 – 458.

［91］ Dorigo M, Caro G D, Gambardella L M. Ant algorithms for discrete optimization ［J］. Artificial Life, 1999, 5 (2): 28 – 39.

［92］ Duan J, Wu SJ, Sun L. Do the powerful discount the future less? the effects of power on temporal discounting ［J］. Front Psychol, 2017, 21 (8): 1007.

［93］ Dynan K E. How prudent areconsumers? ［J］. Journal of Political Economy, 1993, 101 (6): 1104 – 1113.

［94］ Fang H M, Silverman D. Time-inconsistency and welfare program participation: evidence from the NLSY ［J］. International Economic Review, 2009, 50 (4): 1043 – 1077.

［95］ Finucane M L, Alhakami A, Slovic P, et al. The affect heuristic in judgments of risks and benefits ［J］. Journal of Behavioral Decision Making, 2000, 13 (1): 1 – 17.

［96］ Fischhoff B., Slovic, Lichtenstein S., Read S., Combs B. How safe is safe enough? a psychometric study of attitudes toward technological risks and benefits ［J］. Policy Science 1978, 9: 127 – 52

［97］ Frederick S, Loewenstein G, O'donoghue T. Time discounting and time preference: a critical review ［J］. Journal of Economic Literature, 2002, 40 (2): 351 – 401.

［98］ Friedman M. A Theory of the Consumption ［M］. Princeton: Princeton University Press, 1957.

［99］ Gaesser B, Spreng R N, McLelland V C, et al. Imagining the future: evidence for a hippocampal contribution to constructive processing ［J］. Hippocampus, 2013, 23 (12): 1150 – 1161.

[100] Gehring W J, Willoughby A R. The medial frontal cortex and the rapid processing of monetary gains and losses [J]. Science, 2002, 295 (5563): 2279 – 2282.

[101] Gneezy U, Potters J. An experiment on risk taking and evaluation periods [J]. The Quarterly Journal of Economics, 1997, 112 (2): 631 – 645.

[102] Green L, Fischer E B, Jr., Perlow S., et al. Preference reversal and self control: choice as a function of reward amount and delay [J]. Behavioural Analysis Letters, 1981, 1 (1): 43 – 51.

[103] Green L, Fry A F, Myerson J. Dis-counting of delayed rewards: a lifespan comparison [J]. Psychological Science, 1994, 5 (1): 33 – 36.

[104] Green L, Myerson J. Exponential versus hyperbolic discounting of delayed out-comes: risk and waiting times [J]. American Zoologist, 1996, 36 (4): 496 – 505.

[105] Green L, Myerson J, Lichtman D, et al. Temporal discounting in choice between delayed rewards: the role of age and income [J]. Psychology and Aging, 1996, 11 (1): 79 – 84.

[106] Green L, Myerson J, Ostaszewski P. Amount of reward has opposite effects on the discounting of delayed and probabilistic outcomes [J]. Journal of Experimental Psychology: Learning, Memory, and Cognition, 1999, 25 (2): 418 – 427.

[107] Guiso L, Haliassos M, Jappelli T. Household stockholding in Europe: where do we stand and where do wego? [J]. Economic Policy, 2003, 18 (36): 123 – 170.

[108] Guiso L, Jappelli T. Household Portfolios in Italy [M]. Centre for Economic Policy Research, 2000.

[109] Guo H. A Simple Model of Limited Stock Market Participation [J]. Review, 2001, 83.

[110] Gurevich G, Kliger D, Levy O. Decision-making under uncertainty: a field study of cumulative prospect theory [J]. Journal of Banking & Finance, 2009, 33 (7): 1221 – 1229.

[111] Hagger M S, Wood C, Stiff C, et al. Ego depletion and the strength model of self-control: a meta-analysis [J]. Psychological bulletin, 2010, 136 (4): 495.

[112] Hall R E. A stochastic life cycle model of aggregate consumption [J]. Journal of Political Economy, 1978, 86: 971 – 987.

[113] Hambel C, Kraft H, Schendel L S, et al. Life insurance demand under health shock risk [J]. Journal of Risk and Insurance, 2017, 84 (4): 1171 – 1202.

[114] Helson H. Adaptation-Level Theory: An Experimental and Systematic Approach to Behavior [M]. New York: Harper and Row, 1964.

[115] Hershfield H E. Future self-continuity: how conceptions of the future self transform intertemporal choice [J]. Annals of the New York Academy of Sciences, 2011, 1235 (1): 30 – 43.

[116] Hsu M, Bhatt M, Adolphs R, et al. Neural systems responding to degrees of uncertainty in human decision-making [J]. Science, 2005, 310 (5754): 1680 – 1683.

[117] Hubbard R G, Kenneth L J. Social security and individual welfare: precautionary saving, borrowing constraints and the payroll tax [J]. American Economic Review, 1987, 77 (4): 630 – 646.

[118] Huettel S A, Song A W, McCarthy G. Decisions under uncertainty: probabilistic context influences activation of prefrontal and parietal cortices [J]. Journal of Neuroscience, 2005, 25 (13): 3304 – 3311.

[119] Huffman D, Barenstein M. A Monthly Struggle for Self-Control? Hyperbolic Discounting, Mental Accounting, and the Fall in Consumption Be-

tween Paydays [R]. Institute for the Study of Labor (IZA), Discussion Paper No. 1430, 2005, https：//api. semanticscholar. org/CorpusID：14811008.

[120] Ifcher J, Zarghamee H. Happiness and time preference：the effect of positive affect in a random-assignment experiment [J]. American Economic Review, 2011, 101 (7)：3109 – 3129.

[121] Iwaisako T. Household portfolios in Japan [J]. Japan and the World Economy, 2009, 21 (4)：373 – 382.

[122] Jakob B M, Michael M. Direct tests of the permanent income hypothesis under uncertainty, inflationary expectations and liquidity constrains [J]. Journal of Macroeconomics, 2000, 22 (2), 229 – 252.

[123] John G, Kyeongwon Y. Precautionary behavior, migrant networks, and household consumption decisions：An empirical analysis using household panel data from rural China [J]. The Review of Economics and statistics, 2007, 89 (3)：534 – 551.

[124] Johnson E J, Gächter S, Herrmann A. Exploring the Nature of Loss Aversion [R]. CeDEx. Discussion Paper, 2006 – 02.

[125] Kahneman D. Thinking, Fast and Slow [M]. Macmillan, 2011.

[126] Kahneman D, Tversky A. Choices, Values and Frames [M]. Cambridge：Cambridge University Press, 2000.

[127] Kahneman D, Tversky A. Prospect theory：An analysis of decision under risk [J]. Econometrica, 1979, 47 (2)：363 – 391.

[128] Karst H, Berger S, Erdmann G, et al. Metaplasticity of amygdalar responses to the stress hormone corticosterone [J]. Proceedings of the National Academy of Sciences, 2010, 107 (32)：14449 – 14454.

[129] Kirby K N, Petry N M. Heroin and cocaine abusers have higher discount rates for delayed rewards than alcoholics or non-drug-using controls [J].

Addiction, 2004, 99 (4): 461 –471.

[130] Kirkpatrick E L, Tough R, Cowles M L. The Life Cycle of the Farm Family in Relation to Its Standards of Living and Ability to Provide [R]. Research Bulletin No. 121, Madison, WI: University of Wisconsin Agricultural Ex- periment Station, 1934.

[131] Koijen R, Nieuwerburgh S V, Yogo M. Health and mortality delta: assessing the welfare cost of household insurance choice [J]. Journal of Finance, 2016, 71 (2): 957 –1010.

[132] Kosse F, Pfeiffer F. Quasi-hyperbolic time preferences and their intergenerational transmission [J]. Applied Economics Letters, 2013, 20 (10): 983 –986.

[133] Kotlikoff L J, Spivak A, Summers L H. The adequacy of savings [J]. American Eco-nomic Review, 1982, 72 (5): 1056 –1069.

[134] Kriby K N, Herrnstein R J. Preference reversals due to myopic discounting of delayed reward [J]. Psychological Science, 1995, 6 (2): 83 –89.

[135] Köszegi B, Rabin M. A model of reference-dependent preferences [J]. The Quarterly Journal of Economics, 2006, 121 (4): 1133 –1165.

[136] Kuhnen C M, Knutson B. The neural basis of financial risk taking [J]. Neuron, 2005, 47 (5): 763 –770.

[137] Kunreuther H, Ginsberg R, Miller L, et al. Disaster Insurance Protection: Public Policy Lessons [M]. New York: Wiley. 1978: 119 –137.

[138] Kunreuther H, Pauly M. Insurance decision making and market behavior [J]. Foundations and Trends in Microeconomics, 2005, 1 (2): 63 –127.

[139] Kunreuther H, Pauly M, McMorrow S. Insurance and Behavioral Economics: Improving Decisions in the most Misunderstood Industry [M]. New York: Cambridge University Press, 2013.

[140] Laibson D. Golden eggs and hyperbolic discounting [J]. The Quarterly Journal of Economics, 1997, 112 (2): 443 – 478.

[141] Landsberger M. Wind fall income and consumption: Comment of the sequence of outcomes in a purely chance task [J]. Journal of Personality and Social Psychology, 1966, 32 (3): 951 – 955.

[142] LeDoux J E. Emotion: clues from the brain [J]. Annual Review of Psychology, 1995, 46 (1): 209 – 235.

[143] Leland H E. Saving and uncertainty: the precautionary demand for saving [J]. Quarterly Journal of Economics, 1968, 82 (3): 465 – 473.

[144] Lerner J S, Gonzalez R M, Small D A, et al. Effects of fear and anger on perceived risks of terrorism: a national field experiment [J]. Psychological Science, 2003, 14 (2): 144 – 150.

[145] Lerner J S, Li Y, Valdesolo P, et al. Emotion and decision making [J]. Annual Review of Psychology, 2015, 66 (1): 799 – 823.

[146] List J A, Haigh M S. A simple test of expected utility theory using professional traders [J]. Proceedings of the National Academy of Sciences, 2005, 102 (3): 945 – 948.

[147] Loewenstein G F, Prelec D. Anomalies in intertemporal choice: evidence and an interpretation [J]. Quarterly Journal of Economics, 1992, 107 (2): 573 – 597.

[148] Louis E, Rachel J H, Larry Y T. Precautionary effort: a new look [J]. The Journal of Risk and Insurance, 2012, 79 (2): 585 – 590.

[149] Lucas Jr R E. Asset prices in an exchange economy [J]. Econometrica: Journal of the Econometric Society, 1978, 46: 1429 – 1445.

[150] Mani A, Mullainathan S, Shafir E, et al. Poverty impedes cognitive function [J]. Science, 2013, 341 (6149): 976 – 980.

[151] Markowitz H. Portfolio selection [J]. The Journal of Finance, 1952, 7

（1）：77 – 91.

［152］ McCarthy D. Household portfolio allocation：a review of the literature ［C］. Economic and Social Research Institute of the Japan Cabinet Office Conference on the International Collaboration Projects，2004.

［153］ Merton R C. An intertemporal capital asset pricing model ［J］. Econometrica，1973，41 （5）：867 – 887.

［154］ Merton R C. Optimum consumption and portfolio rules in a continuous-time model ［J］. Journal of Economic Theory，1971，3 （4）：373 – 413.

［155］ Milkman K L，Beshears J. Mental accounting and small windfalls：evidence from an online grocer ［J］. Journal of Economic Behavior & Organization，2009，71 （2）：384 – 394.

［156］ Miller S J. Family life cycle，extended family orientations，and economic aspirations as factors in the propensity to migrate ［J］. Sociological Quarterly，1976，17 （3）：323 – 335.

［157］ Mitchell O S，Utkus S P. The role of company stock in defined contribution plans ［C］//Mitchell O，Smetters K. The Pension Challenge：Risk Transfers and Retirement Income Security. Oxford University Press，2004：33 – 70.

［158］ Mitchell S H. Measures of impulsivity in cigarette smokers and non-smokers ［J］. Psychopharmacology，1999，146 （4）：455 – 464.

［159］ Modigliani F，Brumberg R. Utility analysis and the consumption function：an interpretation of cross-section data ［J］. Franco Modigliani，1954，1：338 – 436.

［160］ Muraven M，Tice D M，Baumeister R F. Self-control as a limited resource：regulatory depletion patterns ［J］. Journal of Personality and Social Psychology，1998，74 （3）：774.

［161］ Nagatani K. Life cycle saving：theory and fact ［J］. The American Economic Review, 1972, 62 (3): 344 – 353.

[162] Nicolas M, Macro D. Ant colony optimization and stochastic gradient descent [J]. Artificial Life, 2002, 8 (2): 103 – 121.

[163] Novemsky N, Kahneman D. The boundaries of loss aversion [J]. Journal of Marketing Research, 2005, 42 (2): 119 – 128.

[164] O'Donoghue T, Rabin M. Choice and procrastination [J]. Quarterly Journal of Economics, 2001, 116 (1): 121 – 160.

[165] O'Donoghue T, Rabin M. Doing it now or later [J]. American Economic Review, 1999b, 89 (1): 103 – 124.

[166] O'Donoghue T, Rabin M. Incentives for procrastinators [J]. Quarterly Journal of Eco-nomics, 1999a, 114 (3): 769 – 816.

[167] Ok E A, Masatlioglu Y. A theory of (relative) discounting [J]. Journal of Economic Theory, 2007, 137 (1): 214 – 245.

[168] Overton W F. The arrow of time and the cycle of time: Concepts of change, cognition, and embodiment [J]. Psychological Inquiry, 1994, 5 (3): 215 – 237.

[169] Palombo D J, Keane M M, Verfaellie M. The medial temporal lobes are critical for reward-based decision making under conditions that promote episodic future thinking [J]. Hippocampus, 2015, 25 (3): 345 – 353.

[170] Paulus M P, Rogalsky C, Simmons A, et al. Increased activation in the right insula during risk-taking decision making is related to harm avoidance and neuroticism [J]. Neuroimage, 2003, 19 (4): 1439 – 1448.

[171] Petry N M, Casarella T. Excessive discounting of delayed rewards in substance abusers with gambling problems [J]. Drug and Alcohol Dependence, 1999, 56 (1): 25 – 32.

[172] Petry N M, Discounting of money, health, and freedom in substance

abusers and controls [J]. Drug and Alcohol Dependence, 2003, 71 (2): 133 – 141.

[173] Petry N M. Pathological gamblers, with and without substance use disorders, discount delayed rewards at high rates [J]. Journal of Abnormal Psychology, 2001, 110 (3): 482 – 487.

[174] Phelps E, Pollak R A. On second best national savings and game equilibrium growth [J]. Review of Economic Studies, 1968, 35 (2): 185 – 199.

[175] Preuschoff K, Bossaerts P, Quartz S R. Neural differentiation of expected reward and risk in human subcortical structures [J]. Neuron, 2006, 51 (3): 381 – 390.

[176] Preuschoff K, Quartz S R, Bossaerts P. Human insula activation reflects risk prediction errors as well as risk [J]. Journal of Neuroscience, 2008, 28 (11): 2745 – 2752.

[177] Quiggin J. A theory of anticipated utility [J]. Journal of Economic Behavior & Organization, 1982, 3 (4): 323 – 343.

[178] Quigley J M. Real estate portfolio allocation: The European consumers' perspective [J]. Journal of Housing Economics, 2006, 15 (3): 169 – 188.

[179] Read D, Loewenstein G, Rabin M. Choice bracketing [J], Journal of Risk and Uncertainty, 1999, 19 (1 – 3): 171 – 197.

[180] Read D, Read N L. Time discounting over the lifespan [J]. Organizational Behavior and Human Decision Processes, 2004, 94 (1): 22 – 32.

[181] Redondo-Bellón I, Royo-Vela M, Aldás-Manzano J. A family life cycle model adapted to the Spanish environment [J]. European Journal of Marketing, 2001, 35 (5): 612 – 638.

[182] Rex Y D, Wagner A K. Household life cycle and lifestyles in the United States [J]. Journal of Marketing Research, 2006, 43 (1): 121 –132.

[183] Reynolds B, Richards J B, Horn K, et al. Delay discounting and probability discounting as related to cigarette smoking status in adults [J]. Behavioral Processes, 2004, 65 (1): 35 –42.

[184] Rodgers D A, McClearn G E. Mouse strain differences in preference for various concentrations of alcohol [J]. Quarterly journal of Studies on Alcohol, 1962, 23 (1): 26 –33.

[185] Rowntree B S. Poverty: A Study of Town Life [M]. London: Macmillan & Co., 1901.

[186] Rustichini A, Dickhaut J, Ghirardato P, et al. A brain imaging study of the choice procedure [J]. Games and Economic Behavior, 2005, 52 (2): 257 –282.

[187] Salois M J, Moss C B. A direct test of hyperbolic discounting using market asset data [J]. Economics Letters, 2011, 112 (3): 290 –292.

[188] Samuelson P A. A note on measurement of utility [J]. Review of Economic Studies, 1937, 4 (2): 155 –161.

[189] Sandmo A. The effect of uncertainty on saving decisions [J]. The Review of Economic Studies, 1970, 37 (3): 353 –360.

[190] Schacter D L, Benoit R G, Szpunar K K. Episodic future thinking: Mechanisms and functions [J]. Current Opinion in Behavioral Sciences, 2017, 17: 41 –50.

[191] Schwing, R. C., Albers, W. A. Societal Risk Assessment: How Safe is Safe Enough [J]. Medical Physics, 1982, 9 (3) 442 –443

[192] Sellitto M, Ciaramelli E, di Pellegrino G. Myopic discounting of future rewards after medial orbitofrontal damage in humans [J]. Journal of Neuroscience, 2010, 30 (49): 16429 –16436.

[193] Shah, A. K., Mullainathan, S., Shafir, E. Some consequences of having too little [J]. Science, 2012, 338: 682 - 685.

[194] Shapiro, J. M. Is there a daily discount rate? Evidence from the food stamp nutrition cycle [J]. Journal of Public Economics, 2005, 89 (2 - 3): 303 - 325.

[195] Shefrin H M, Thaler R H. Mental accounting, saving, and self-control [C] //Loewenstein G, Elster. Choice Over Time. Russell Sage Foundation 1992: 287 - 330.

[196] Shefrin H M, Thaler R H. The behavioral life-cycle hypothesis [J]. Economic Inquiry, 1988, 26 (4): 609 - 643.

[197] Sheth B R, Shimojo S. In space, the past can be recast but not the present [J]. Perception, 2000, 29 (11): 1279 - 1290.

[198] Shiller R J. The use of volatility measures in assessing market efficiency [J]. The Journal of Finance, 1981, 36 (2): 291 - 304.

[199] Slovic P, Fischhoff B, Lichtenstein S. Facts and Fears: Understanding Perceived Risk [M]. The Perception of Risk. Routledge, 2016.

[200] Slovic P, MacGregor D G, Malmfors T, et al. Influence of Affective Processes on Toxicologists' Judgments of Risk (Report No. 99-2) [R]. Eugene, OR: Decision Research, 1999.

[201] Smith K, Dickhaut J, McCabe K, et al. Neuronal substrates for choice under ambiguity, risk, gains, and losses [J]. Management Science, 2002, 48 (6): 711 - 718.

[202] Stephens M, Jr. "3rd of the month": do social security recipients smooth consumption between checks? [J]. American Economic Review, 2003, 93 (1): 406 - 422.

[203] Stetson C, Fiesta M P, Eagleman D M. Does time really slow down during a frighteningevent? [J]. PloSone, 2007, 2 (12): e1295.

[204] Strahilevitz M A, Loewenstein G. The effect of ownership history on the valuation of objects [J]. Journal of Consumer Research, 1998, 25 (3): 276 – 289.

[205] Strotz, R. H. Myopia and inconsistency in dynamic utility maximization [J]. American Economic Review, 1955 – 1956, 23 (3): 165 – 180.

[206] Thaler, R. H. and Shefrin, H. M. An eco-nomic theory of self-control [J]. Journal of Political Economy, 1981, 89 (2): 392 – 406.

[207] Thaler, Richard H. and Sunstein, C. R. Nudge: Improving Decisions about Health, Wealth, and Happiness [M]. New Haven: Yale University Press, 2008.

[208] Thaler R. Toward a positive theory of consumer choice [J]. Journal of Economic Behavior & Organization, 1980, 1 (1): 39 – 60.

[209] Tom S M, Fox CR, Trepel C, et al. , The neural basis of loss aversion in decision-making under risk [J]. Science, 2007, 315 (5811): 515 – 518

[210] Trope Y, Liberman N. Construal-level theory of psychological distance [J]. Psychological Review, 2010, 117 (02): 440.

[211] Trope Y, Liberman N. Temporal construal [J]. Psychological Review, 2003, 110 (3): 403.

[212] Tversky A, Kahneman D. Advances in prospect theory: cumulative representation of uncertainty [J]. Journal of Risk and Uncertainty, 1992, 5 (4): 297 – 323.

[213] Tversky A, Kahneman D. Availability: a heuristic for judging frequency and probability [J]. Cognitive Psychology, 1973, 5 (2), 207 – 232.

[214] Tversky A, Kahneman D. Judgment under uncertainty: heuristics and biases: biases in judgments reveal some heuristics of thinking under uncertainty [J]. Science, 1974, 185 (4157): 1124 – 1131.

［215］ Viscusi K W, Huber J, Bell J. Estimating discount rates for environmental quality from utility-based choice experiments ［J］. Journal of Risk and Uncertainty, 2008, 37 (2 - 3): 199 - 220.

［216］ Vuchinich R E, Simpson C A. Hyperbolic temporal discounting in social drinkers and problem drinkers ［J］. Experimental and Clinical Psychopharmacology, 1998, 6 (3): 292 - 305.

［217］ Wells W D, Gubar G. Life cycle concept in marketing research ［J］. Journal of Marketing Research, 1966, 3 (4): 355 - 363.

［218］ Yaari M E. Uncertain lifetime, life insurance, and the theory of the consumer ［J］. The Review of Economic Studies, 1965, 32 (2): 137 - 150.

［219］ Yamada Y, Kato Y. Images of circular time and spiral repetition: the generative life cycle model ［J］. Culture & Psychology, 2006, 12 (2): 143 - 160.

［220］ Yang Y, Chen Z, Zhang R, et al. Neural substrates underlying episodic future thinking: a voxel-based morphometry study ［J］. Neuropsychologia, 2020, 138 (17): 219 - 227.

［221］ Yu R, Zhou X. Brain potentials associated with outcome expectation and outcome evaluation ［J］. Neuroreport, 2006, 17 (15): 1649 - 1653.

［222］ Yu R, Zhou X. To bet or not to bet? The error negativity or error-related negativity associated with risk-taking choices ［J］. Journal of Cognitive Neuroscience, 2009, 21 (4): 684 - 696.

［223］ Zeldes S P. Optimal consumption with stochastic income: deviations from certainty equivalence ［J］. The Quarterly Journal of Economics, 1989, 104 (2): 275 - 298.